全彩
印刷

蓝狮映像

DVD
DVD超值多媒体光盘

16段全程配音视频教程
50个特效实例完整源文件
30个图书实例精彩效果展示

创意+

Photoshop CS4

关秀英 杨燕超 等编著

视觉特效设计案例精粹

清华大学出版社

北　　京

内 容 简 介

本书通过典型的案例将平面的设计技法和软件功能相结合，介绍Photoshop CS4在绘制特效图像中的具体应用。全书共分为12章，涉及商业特效、文字特效、纹理特效、三维风格特效、抽象视觉特效、绘画艺术风格特效、图像合成特效、广告创意特效、网页视觉特效、界面视觉特效等。全面细致地剖析了Photoshop的绘画技法、图像合成技法、插画技法、照片级真实表现手法等。本书内容丰富，案例经典，采用全彩印刷，配书光盘提供了全程配音的教学视频和素材及效果图。

本书适合从事Photoshop广告设计、平面创意、插画设计、网络设计的人员学习使用，也可以作为Photoshop创意设计培训的教材。

图书在版编目（CIP）数据

创意⁺Photoshop CS4视觉特效设计案例精粹/关秀英等编著. —— 北京：清华大学出版社，2010.3
ISBN　978-7-302-21879-1

Ⅰ.①创… Ⅱ.①关… Ⅲ.①图形软件，Photoshop CS4 Ⅳ.①TP391.41

中国版本图书馆CIP数据核字（2010）第012432号

责任编辑：冯志强
责任校对：徐俊伟
责任印制：孟凡玉
出版发行：清华大学出版社　　　　　　　　　**地　　址**：北京清华大学学研大厦 A 座
　　　　　　http://www.tup.com.cn　　　　　　**邮　编**：100084
社　总　机：010-62770175　　　　　　　　**邮　购**：010-62786544
投稿与读者服务：010-62776969，c-service@tup.tsinghua.edu.cn
质　量　反　馈：010-62772015，zhiliang@tup.tsinghua.edu.cn
印　刷　者：北京鑫丰华彩印有限公司
装　订　者：三河市新茂装订有限公司
经　　销：全国新华书店
开　　本：190×260　　**印　张**：21.25　　**字　数**：578 千字
　　　　　　（附光盘 1 张）
版　　次：2010 年 3 月第 1 版　　　　**印　　次**：2010 年 3 月第 1 次印刷
印　　数：1～5000
定　　价：79.80 元

Photoshop CS4 是 Adobe 公司推出的专业图像处理软件。它以强大的图像处理功能，完善的工作环境以及人性化的操作界面和更有效的设计途径，在平面设计和计算机的图像处理领域占据着十分重要的地位。本书通过 Photoshop CS4 绘制各种特效图像，系统地讲述了 Photoshop CS4 从基本的图像合成与处理，到绘制复杂的特效图像以及特效图像在商业中的具体应用，全面介绍 Photoshop CS4 在图像特效领域的应用方法和绘制技巧，使读者在学习应用过程中能力得到全面的提高。

1. 本书内容介绍

全书共分为 12 章，内容概括如下。

第 1 章主要讲述特效图像在绘制之前的创意构思，使读者了解设计的主要表现形式和制作方法。第 2 章与第 3 章全面介绍 Photoshop 在制作特效图像中所使用的软件知识，通过对软件知识的介绍来讲解 Photoshop 在绘制特效图像中的方法与技巧。

第 4 章主要介绍特效图像在字体领域的应用，仔细地讲解了文字在广告或创意中的设计思路与方法。第 5 章主要介绍几种常见的真实纹理效果，通过实例让用户了解绘制真实纹理效果的方法，掌握绘制真实纹理特效的技巧和原理。

第 6 章主要通过具体实例对 3D 功能进行讲解，并结合位图与 3D 图层的独特特点，使图像更加丰富多彩。第 7 章主要介绍几种常见的抽象视觉特效表现，通过实例让用户了解抽象视觉特效技法的应用及体现。

第 8 章通过实例详细介绍特效图像在绘画行业的特点和用途，并通过使用 Photoshop CS4 制作各种特效绘画效果。第 9 章主要以具体实例来讲述图像合成的技巧与方法。把不同的图像、不同的颜色进行转变与合成，营造出独特的艺术视觉特效。

第 10 章主要介绍各种类型的平面广告设计制作方法，通过实例让用户了解特效图像在平面广告设计中的基本知识和制作技巧，使读者综合掌握 Photoshop CS4 中的各种工具与命令。第 11 章通过具体案例的绘制讲述视觉特效在网页设计中的各种表现技巧，使设计师有效快速地设计出优秀的网页视觉特效。第 12 章主要介绍几种常见的软件界面设计方法，通过实例让用户了解在软件界面设计过程中的要求以及技法表现。

2. 本书主要特色

传统的案例教程类图书能够系统地介绍 Photoshop CS4 软件的基础知识并提供实例，但是只是掌握了软件功能的使用方法，读者难以获取面向应用的知识。本书通过绘制具体实例以全新的角度介绍软件知识，在学习基础知识的同时，了解 Photoshop CS4 软件在实际工作中的应用。博取众家之长，具有鲜明的特色。

● **实例丰富，效果实用** 全书由不同行业中的应用组成，书中各实例均经过精心设计，操作步骤清晰简明，技术分析深入浅出，实例效果精美实用。

● **全程图解，轻松学习** 书中采用全程图解方式，对图像做了大量的加工，图中添加了大量的边框和箭头指示，以及简单的操作步骤提示，信息丰富，便于读者轻松学习。

● **书盘结合，互动学习** 配套光盘与书中内容紧密结合，提供了全部实例的语音视频教程，以及实例需要的全套素材图和效果图，让读者书盘结合，通过交互方式循序渐进地学习。

● **经典实例，融会贯通** 根据特效图像在平面设计中的分类，集中多个具体实例进行讲解，让读者举一反三，巩固提高，充分了解Photoshop CS4在各个行业中的具体应用。

3. 随书光盘内容

为了帮助读者更好地学习和使用本书，本书专门配带了多媒体学习光盘，提供了本书实例源文件、最终效果图和全程配音的教学视频文件。本光盘使用之前，需要首先安装光盘中提供的tscc插件才能运行视频文件。这3个文件夹的具体内容介绍如下。

● **人性化设计** 光盘主界面有4个按钮，分别是"实例欣赏"、"素材下载"、"教学视频"和"网站支持"，用户只需单击相应的按钮，就可以进入相关程序。

● **交互性** 视频播放控制器功能完善，提供了"播放"、"暂停"、"快进"、"快退"、"试一试"等控制按钮，可以显示视频播放进度，用户使用非常方便。

● **功能完善** 本光盘由专业技术人员使用Director技术开发，具有背景音乐控制、快进、后退、返回主菜单、退出等多项功能。用户只需单击相应的按钮，就可以灵活完成操作。

● **自动运行功能** 本多媒体光盘具有自动运行功能，只需将光盘放入光驱中，系统将自动运行并进入主界面，展示"实例欣赏"、"素材下载"、"教学视频"和"网站支持"按钮。

4. 本书适用对象

对于不具备任何软件操作基础的读者，本书通过丰富的练习操作，带领读者认识 Photoshop CS4 软件，掌握特效图像的绘制方法。

对于具有图形图像软件操作基础的读者，可以简略学习 Photoshop CS4 基础操作内容，将学习重心放在对各种平面设计领域中的学习与应用上。

本书是真正面向实际应用的 Photoshop 图书，可以作为高校、职业技术院校平面设计、网页制作以及界面设计的 Photoshop 培训教材，也可以作为平面设计人员的参考资料。

参与本书编写的除了封面署名人员外，还有宋俊昌、李海庆、王树兴、许勇光、李海峰、王敏、张瑞萍、李乃文、赵振江、李振山、王咏梅、张勇、安征、邵立新、辛爱军、郑霞、祁凯、马海军、王泽波、康显丽、张仕禹、孙岩、王黎、吴俊海、亢凤林、徐凯、肖新峰、牛仲强、王磊、张银鹤等。由于水平有限，疏漏之处在所难免，敬请读者朋友批评指正，可以登录清华大学出版社网站www.tup.com.cn与我们联系。

12 界面视觉特效表现

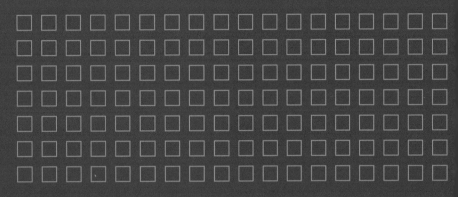

视觉特效的创意构思

　　视觉特效图像，顾名思义是指具有特殊效果的图像。此图像之所以能够吸引人们的注意力，正是由于此类图像所表现出来的效果不同于人们日常所看到的，因此能够极大地满足人们的好奇心。虽然视觉特效图像不同于常理，但是还是需要按照一定的透视原理以及光影效果来作为奇幻效果的基础。

　　本章主要介绍制作视觉特效的基本元素——色彩与创意。前者是吸引目光的第一要素；后者则是效果展示的根本因素。并且还讲解了涉及视觉特效图像所需要的透视与光影基本原理。

1.1　揭开图像设计的神秘面纱

　　图像设计是显示设计师的智慧和趣味的表现方式，它以符号化的形象表现多层内容，以新奇的形象吸引大众的视觉，以一种事物的发展过程预示另一种事物的结果，并能为观者提供无限的联想空间，启发大众的智慧。而图像设计的内容会根据绘画风格，也就是艺术流派的不同而有所不同。

1.1.1　各艺术流派的表现形式

　　艺术流派是指在艺术发展的一定历史时期内出现的由若干思想倾向、艺术见解、创作风格、审美趣味基本相同或近似的艺术家自觉或不自觉形成的艺术集团或派别，是艺术发展过程中的产物。

1．立体主义 ▶▶▶▶

　　立体主义是西方现代艺术史上的一个运动和流派，又译为立方主义，1908 年始于法国。立体主义的艺术家追求碎裂、解析、重新组合的形式，形成分离的画面——以许多组合的碎片形态为艺术家们所要展现的目标。艺术家以许多不同的角度来描写对象物，将其置于同一个画面之中，以此来表达对象物最为完整的形象，如图1-1 所示。

图1-1　立体主义代表作品

2．野兽主义 ▶▶▶▶

　　野兽主义是自 1898 至 1908 年在法国盛行一时的一个现代绘画潮流。它虽然没有明确的理论和纲领，但却是一定数量的画家在一段时期里聚

> **提示**
>
> 20世纪巴黎两位画家布拉克和毕加索，深受非洲雕刻单纯的造型和尖锐的对比影响，发展出新风格。加上1907年他们参观了塞尚的回顾展，立体派第一件代表作毕加索的《亚维农姑娘》产生。立体派根据塞尚的作法，把对象分割成许多面，同时呈现不同角度的面，因此立体派作品看来像碎片被放在一个平面上。

合起来积极活动的结果，因而也可以被视为一个画派。野兽派画家热衷于运用鲜艳、浓重的色彩，往往用直接从颜料管中挤出的颜料，以直率、粗放的笔法创造强烈的画面效果，充分显示出追求情感表达的表现主义倾向，如图 1-2 所示。

图1-2　野兽主义代表作品

3．表现主义 ▶▶▶

表现主义是指艺术中强调表现艺术家的主观感情和自我感受，而导致对客观形态的夸张、变形乃至怪诞处理的一种思潮，如图1-3所示。它用以发泄内心的苦闷，认为主观是唯一真实，否定现实世界的客观性，反对艺术的目的性，是20世纪初期绘画领域中特别流行于北欧诸国的艺术潮流，是社会文化危机和精神混乱的反映，在社会动荡的时代表现尤为突出和强烈。

图1-3　表现主义代表作品

> **提示**
>
> 表现主义画家注重对世界主观感受的表现，特别强调内部视野，极力主张表现内在体验和心灵激情，反对印象主义—自然主义的单纯模仿和拍照式的对外部世界的客观再现。

4．达达主义 ▶▶▶

达达主义艺术是1916年至1923年间出现于法国、德国和瑞士的一种绘画风格。达达主义是一种无政府主义的艺术运动，它试图通过废除传统的文化和美学形式发现真正的现实。达达主义由一群年轻的艺术家和反战人士领导，他们通过反美学的作品和抗议活动表达了他们对资产阶级价值观和第一次世界大战的绝望。

所以，达达主义绘画否定一切传统的审美观念，主张"废除绘画和所有的审美要求"，要创造一种"全新的艺术"，用一些怪诞抽象甚至是枯燥的符号组成画面，如图1-4所示。

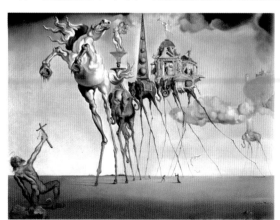

图1-4　达达主义代表作品

5. 超现实主义 ▶▶▶▶

　　超现实主义是在法国开始的文学艺术流派，源于达达主义，并且对于视觉艺术的影响力深远，于1920年至1930年间盛行于欧洲文学及艺术界中。探究此派别的理论根据是受到弗洛伊德的精神分析影响，致力于发现人类的潜意识心理。因此主张放弃逻辑、有序的经验记忆为基础的现实形象，而呈现人的深层心理中的形象世界，尝试将现实观念与本能、潜意识与梦的经验相融合，如图1-5所示。

图1-5　超现实主义代表作品

6. 波普主义 ▶▶▶▶

　　波普主义在20世纪50年代初萌发于英国，50年代中期鼎盛于美国。波普为Popular的缩写，意即流行艺术、通俗艺术。所谓波普艺术，是以社会上流的形象或戏剧中的偶然事件作为表现内容，并赋予他的价值和蕴意，以传导给观者最为大众化和最普及化的精神享用的艺术形式，如图1-6所示。

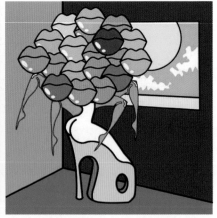

图1-6　波普主义代表作品

7. 抽象表现主义 ▶▶▶▶

　　抽象表现主义又称抽象主义或抽象派。一般意义上说，抽象艺术是西方现代美术中特定的美术思潮和流派概念。在实际运用中，抽象性艺术的含义较宽泛，可以和具象艺术相对，概指西方现代艺术中各种具有抽象特性的艺术现象。而抽象主义和抽象派的含义较为狭义，特指抽象主义思潮及其流派。

图1-7 抽象表现主义代表作品

1.1.2 流派对现代设计的影响

设计产生以来,人们无时无刻不在探索新的设计。而设计又是绘画的延伸,是绘画的一种商业表现。所以,无论是具体的形式技法还是形式上的审美理念,都从相关的艺术门类中借鉴了不少东西。也就是绘画艺术中各种流派的美术特点、绘画观以及绘画风格,均会对现代设计产生不同程度的影响。

1. 立体主义对现代设计的影响 ▷▶▶▶

立体主义是现代艺术中最重要的运动,他采用小方格的笔触来绘画,认为这种方法才能捕捉到事物的本质,而不是仅仅浮在事物的表面。表达对象的精神,达到神似,而不是简单的表面写实主义再现的形似。

立体主义打破传动艺术的媒介局限,绘画不仅仅是用色彩,也可以加入其他的材料,比如旧报纸、海报残片。甚至更加发展到各种其他材料,如木片、沙、金属等,形成拼贴和纸拼贴的新技术。而透过立体主义的绘画特征,形成设计中的拼贴的创建方式,如图1-8所示。

图1-8 拼贴设计效果

2. 抽象主义绘画对现代设计的影响 ▷▶▶▶

在20世纪西方现代美术流派中,最能体现时代精神的是抽象主义绘画。抽象主义绘画作品强调艺术中的精神性,排斥绘画受自然物象表象的束缚。作为一种艺术形式,抽象主义绘画具有构成意味的构图形式和在创作中科学、理性化的思维方式都对现代平面设计产生了极为深远的影响，如图1-9所示。

图1-9　具有想象力的设计作品

3. 包豪斯主义对现代设计的影响 ▶▶▶▶

　　包豪斯作为一种设计体系在当年风靡整个世界，在现代工业设计领域中，它的思想和美学趣味可以说整整影响一代人。根据包豪斯的艺术设计教育体系：设计中强调自由创造，反对模仿抄袭，墨守陈规；将手工艺同机器生产结合起来，以及强调各类艺术之间的交流融合，使现代设计中的创意效果更加明显，如图1-10所示。

图1-10　各种创意效果的设计作品

　　在设计形式与设计风格方面，多元化的格局已经形成，没有哪一种流派能够一统天下，也没有什么权威去剥夺某些流派存在的权力。理性与感性是天平的两端，它们谁也不能压倒谁而趋向于某种平衡。

> **提示**
>
> 包豪斯对于现代工业设计的贡献是巨大的，特别是它的设计教育有着深远的影响，其教学方式成了世界许多学校艺术教育的基础，它培养出的杰出建筑师和设计师把现代建筑与设计推向了新的高度。

1.1.3　数码设计的创意来源

　　随着数码产品的日益普遍，平面设计作品中的元素越来越倾向于数码图像，或者是通过数码照片与各种图像素材合成，从而形成具有创意效果的平面作品。

1. 数码图像之间的合成 ▶▶▶▶

　　在创意平面作品中，数码图像是创意效果中主要的素材来源。其中，通过不同的数码图像之间的合成，能够得到意想不到的创意效果。如图1-11左图所示，人物与狮子的合成，呈现巨型宠物的创意效果；而图1-11右图所示中的效果，是将垒球数码图像与蓝天草地的数码图像以夸张的比例合成为一幅平面作品。

图1-11 数码图像之间的合成

　　以数码图像为元素设计的平面作品中，以数码照片的形式替代实物是一种较为特别的创意合成。如图1-12所示中的图像，就是通过照片作为实物形成水果摆放的创意效果。

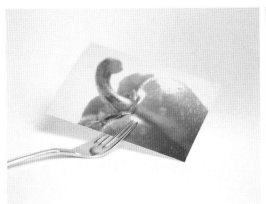

图1-12 照片形式的创意合成

2. 通过数码图像设计平面作品 ▶▶▶

　　在数码设计作品中，数码图像之间或者数码图像与绘制的图像之间合成，均能够得到创意非凡的效果，而后者更加接近平面图像的效果。如图1-13左图所示，通过建筑数码图像与流水数码图像搭配绘制的气泡图像形成水中城市的创意效果图；图1-13右图所示的效果中，则是将美女数码图像、天空与草地数码图像合成，并且搭配绘制的黑色花藤图像形成效果的统一性。

图1-13 数码图像与图形的合成

1.2 Photoshop图像设计的不同创意思路

　　Photoshop 是合成图像的最佳软件之一，在该软件中不仅能够将不同的数码图像进行合成，还可以通过文字与图形来丰富整体效果，并且还能够将平面的图像制作成具有立体效果或者具有空间感的图像。这样既可以为图像增加更丰富的效果，也可以开阔图像的设计思路。

1. 文字 ▶▶▶▶

　　文字是人类用来交际的符号系统，是记录语言的书写形式。通过文字的排版或者文字的变形，均可得到具有文字信息的创意图像，如图 1-14 所示，左图是通过文字的排版得到的 DVD 封面效果；右图则是设置文字的不同属性并且进行变形，从而得到蒲公英飘飞的效果。

图1-14　文字创意

2. 图案 ▶▶▶▶

　　图案是实用美术、装饰美术、建筑美术方面关于形式、色彩、结构的预先设计，在工艺材料、用途、经济、生产等条件制约下，制成图样、装饰纹样等方案的通称。一般而言，人们可以把非再现性的图形表现都称作图案，包括几何图形、视觉艺术、装饰艺术等。在计算机设计上，把各种矢量图也称之为图案，如图 1-15 所示。

图1-15　图案创意

3. 图像 ▶▶▶▶

　　图像是由扫描仪、摄像机等输入设备捕捉实际的画面产生的数字图像，是由像素点阵构成的位图。而通过 Photoshop 编辑的图像既可以是由外部输入设备得到的图像，也可以是由其自身得到的图像。如图1－16所示，左图为通过摄像机捕捉实际的画面产生的数字图像；右图则是通过不同的数字图像合成得到的图像效果。

图1－16　图像创意

4．空间感 》》》》

空间感在绘画中依照几何透视和空气透视的原理，描绘出物体之间的远近、层次、穿插等关系，使之在平面的绘画上传达出有深度的立体的空间感觉。

例如摄像，针对同一大小的被摄体，近则能拍得大，远则能拍成小，可以觉察其远近感。其程度因广角镜头和望远镜头而异，若用广角镜头，可以获得比实景还要大的夸张拍摄效果。

如图1－17所示，左图是通过消失点透视法来形成空间感的效果；而右图则是通过两点透视法来形成空间感的效果。

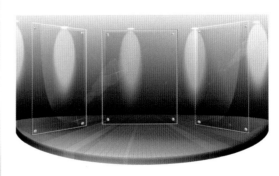

图1－17　空间创意

5．立体效果 》》》》

虽然Photoshop主要用来编辑平面图像，但是可以通过物体的明暗关系来呈现主题的立体效果，如图1－18左图所示。而具有立体效果的主题经过排列与组合，同样能够呈现出空间感，如图1－18右图所示。

图1-18　立体创意

1.3　色彩构成

　　具有创意的图像效果离不开色彩的运用，要想灵活运用色彩，首先要了解色彩是如何构成的，以及物体本身所具有的色彩与周围环境影响所表现出来的色彩之间的区别。

　　色彩构成即色彩的相互作用，是从人对色彩的知觉和心理效果出发，用科学分析的方法，把复杂的色彩现象还原为基本要素，利用色彩在空间、量与质上的可变幻性，按照一定的规律去组合各构成之间的相互关系，再创造出新的色彩效果的过程。色彩构成是艺术设计的基础理论之一，它与平面构成及立体构成有着不可分割的关系，色彩不能脱离形体、空间、位置、面积、肌理等而独立存在。

1.3.1　色系

　　色彩可分为无彩色和有彩色两大类。前者如黑、白、灰，后者如红、黄、蓝等七彩色。

1．无彩色系 ▶▶▶

　　无彩色由黑、白、灰三大调组成，它没有颜色，只有不同深度的明度变化，如图1-19所示。

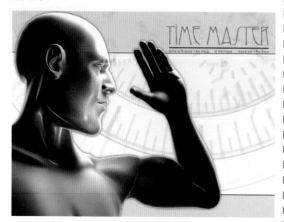

图1-19　黑白图

2．有彩色系 ▶▶▶

　　有彩色系由赤、橙、黄、绿、青、蓝、紫7种颜色组成。在图像编辑过程中，使用不同的颜色来产生色相的变化，从而使画面更加生动，如图1-20所示。

图1-20　有彩色系

1.3.2　色彩三要素

　　自然界的色彩虽然各不相同，但任何有彩色的色彩都具有色相、亮度、饱和度这3个基本属性，也称为色彩的三要素。

1．色相 >>>

色相指色彩的相貌，是区别色彩种类的名称。它是根据该色光波长划分的，只要色彩的波长相同，色相就相同，波长不同才产生色相的差别。红、橙、黄、绿、蓝、紫等每个字都代表一类具体的色相，它们之间的差别就属于色相差别。当人们称呼到其中某一色的名称时，就会有一个特定的色彩印象，这就是色相的概念。正是由于色彩具有这种具体相貌特征，人们才能感受到一个五彩缤纷的世界。如果说亮度是色彩隐秘的骨骼，色相就很像色彩外表华美的肌肤。色相体现着色彩外向的性格，是色彩的灵魂，如图1-21所示。

图1-21 图像的色彩

如果把光谱的红、橙、黄、绿、蓝、紫诸色带首尾相连，制作一个圆环，在红和紫之间插入半幅，构成环形的色相关系，便称为色相环。在6种基本色相各色中间加插一个中间色，其首尾色相按光谱顺序为：红、橙红、橙、黄、黄绿、绿、青绿、蓝绿、蓝、蓝紫、紫、红紫，构成十二基本色相，这十二色相的彩调变化在光谱色感上是均匀的。如果进一步再找出其中间色，便可以得到二十四个色相，如图1-22所示。

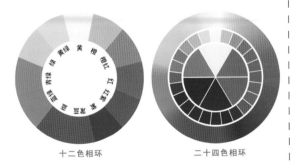

十二色相环   二十四色相环

图1-22 十二色相环与二十四色相环

2．饱和度 >>>

饱和度是指色彩的纯净程度。可见光辐射有波长相当单一的，有波长相当混杂的，也有处在两者之间的。黑、白、灰等无彩色就是波长最为混杂，纯度、色相感消失造成的。光谱中红、橙、黄、绿、蓝、紫等色光都是最纯的高纯度的色光。

提示

纯色是饱和度最高的一级。光谱中红、橙、黄、绿、蓝、紫等色光是最纯的高饱和度的光；色料中红色的饱和度最高，橙、黄、紫等饱和度较高，蓝、绿色饱和度最低。

饱和度取决于该色中含色成分和消色成分（黑、白、灰）的比例，含色成分越大，饱和度越大；消色成分越大，饱和度越小，也就是说，向任何一种色彩中加入黑、白、灰都会降低它的饱和度，加的越多就降的越低。

如图1-23所示，当在紫色中混入了白色时，虽然仍旧具有紫色相的特征，但它的鲜艳度降低了，亮度提高了，成为淡紫色；当混入黑色时，鲜艳度降低了，亮度变暗了，成为暗紫色；当混入与紫色亮度相似的中性灰时，它的亮度没有改变，饱和度降低了，成为灰紫色。采用这种方法有十分明显的效果，就是从纯色加灰渐变为无饱和度灰色的色彩饱和度序列。

图1-23 不同的饱和度

3．亮度 >>>

亮度指色彩的明暗程度。亮度是全部色彩都具有的属性，亮度关系是搭配色彩的基础。亮度最适于表现物体的立体感与空间感。

白颜料属于反射率相当高的物体，在其他颜料中混入白色，可以提高混合色的反射率，也就是说提高了混合色的明度。混入白色越多，亮度提高的越高。相反，黑颜料属于反射率极低的物体，在其他颜料中混入黑色越多，亮度降低越多。在无彩色中，亮度最高的色为白色，亮度最低的色为黑色，中间存在一个从亮到暗的灰色系列，如图1-24所示。

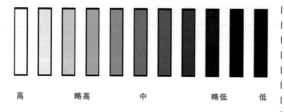

图1-24　不同亮度

亮度在三要素中具有较强的独立性，它可以不带任何色相的特征而通过黑白灰的关系单独呈现出来。

色相与饱和度则必须依赖一定的明暗才能显现，色彩一旦发生，明暗关系就会同时出现，在完成一幅素描的过程中，需要把对象的有彩色关系抽象为明暗色调，这就需要有对明暗的敏锐判断力。可以把这种抽象出来的亮度关系看作色彩的骨骼，它是色彩结构的关键，如图1-25所示。

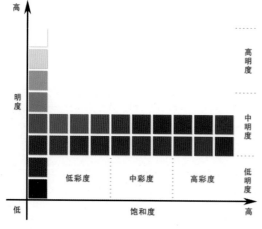

图1-25　亮度与饱和度之间的关系

提示

在有彩色中，任何一种纯度色都有着自己的亮度特征。例如，黄色是明度最高的色，处于光谱的中心位置，紫色是亮度最低的色，处于光谱的边缘，一个彩色物体表面的光反射率越大，对视觉刺激的程度越大，看上去就越亮，这一颜色的明度就越高。

1.3.3　固有色、光源色与环境色

色彩的变化是变幻莫测的，这是因为物体本身除了其自身的颜色外，有时也会因为周围的颜色，以及光源的颜色而所有改变。

1. 固有色 ▶▶▶▶

如果物体本身没有色光，那么世界上就只有黑白灰3种色光，之所以人们能够看到绿色的草地、红色的苹果，是因为它们将光谱中的其他颜色吸收，把本身色光反射到人们的视觉系统，如图1-26所示。

图1-26　固有色

2. 光源色 ▶▶▶▶

光源色指某种光线（太阳光、月光、灯光、蜡烛光等）照射到物体后所产生的色彩变化，如图1-27所示。在日常生活中，同样一个物体，在不同的光线照射下会呈现不同的色彩变化。比如同是阳光，早晨、中午、傍晚的色彩也是不相同的，早晨偏黄色、玫瑰色；中午偏白色，而黄昏则偏桔红、桔黄色。

图1-27 光源色

3. 环境色 ▶▶▶

环境色指在光照下的物体受环境影响改变固有色而显现出一种与环境一致的颜色，如图1-28所示。

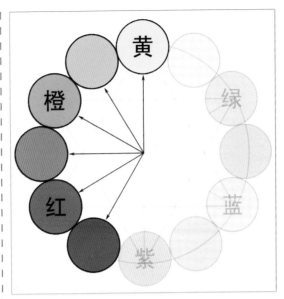

图1-29 暖色系

图1-28 环境色

1.3.4 冷色与暖色

冷和暖是一种视觉感受，就好像真实生活中对冷水和开水的感觉。色彩的冷、暖可以理解为色彩带给人们的视觉温度感受，通常简称"色温"。

1. 暖色 ▶▶▶

暖色指的是红、橙、黄这类颜色。暖色系的饱和度越高，其温暖特性越明显。可以刺激人的兴奋性，使体温有所升高，如图1-29所示。

高明度高纯度的色彩搭配可以把页面表达得鲜艳炫目，有非常强烈刺激的视觉表现力。这充分体现了暖色系的饱和度越高，其温暖特性越明显的性格，如图1-30所示。

图1-30 暖色调

2. 冷色 ▶▶▶

冷色指的是绿、青、蓝、紫等颜色，冷色系亮度越高，其特性越明显。能够使人的心情平静、清爽、恬雅，如图1-31所示。

冷色系的亮度越高，其特性越明显。单纯冷色系搭配视觉感比暖色系舒适，不易造成视觉疲劳。蓝色、绿色是冷色系的主要色，是设计中较常用的颜色，也是大自然之色，带来一股清新、祥和安宁的空气，如图1-32所示。

提示

由上可知，颜色相互混合的越多，饱和度越低，视觉冲击力越弱。

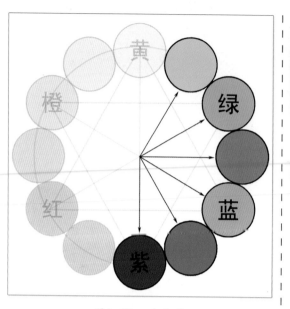

图1-31 冷色系

图1-32 冷色调

1.4 透视效果

　　"透视"一词源于拉丁文"perspclre"（看透）。最初研究透视是采取通过一块透明的平面去看景物的方法，将所见景物准确描绘在这块平面上，即成该景物的透视图。后遂将在平面画幅上根据一定原理，用线条来显示物体的空间位置、轮廓和投影的科学称为透视学。

1.4.1 透视原理

　　透视学在绘画中占很大的比重，它的基本原理是，在画者和被画物体之间假想一面玻璃，固定住眼睛的位置（用一只眼睛看），连接物体的关键点与眼睛形成视线，再相交与假想的玻璃。在玻璃上呈现的各个点的位置就是你要画的三维物体在二维平面上的点的位置。这是西方古典绘画透视学的应用方法，如图1-33所示。

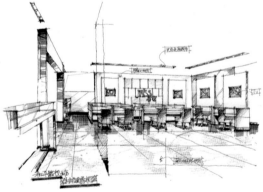

图1-33 透视图

1.4.2　透视分类

透视图是在人眼可视的范围内。在透视图上，因投影线不是互相平行集中于视点，所以显示物体的大小并非真实的大小，有近大远小的特点。形状上由于角度因素，长方形或正方形常绘成不规则四边形，直角绘成锐角或钝角，四边不相等。

1. 焦点透视 >>>>

焦点透视是西方绘画的透视方法，它又可以分为平行透视、成角透视和三点透视。用焦点透视画建筑及室内布置，给人以安定之感。以焦点透视法绘制图像时，一般遵循近大远小、近高远低、近粗远细、近宽远窄等。

>> 平行透视

平行透视又称为一点透视，即物体向视平线上某一点消失。主要在产品、室内效果及道路等的表现手法中采用，如图1-34所示。

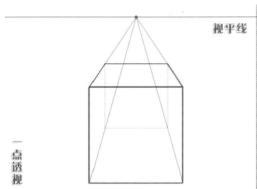

图1-34　平行透视

>> 成角透视

成角透视也叫二点透视，即物体向视平线上某二点消失。主要在表现对象的雄伟、庄严时使用。如图1-35所示。

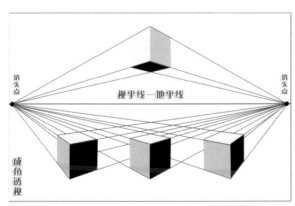

图1-35　成角透视

>> 三点透视

三点透视是存在3个交叉的消失点时的构图形式，可以表现完整的立体效果。主要在俯视或者仰视对象时采用，如图1-36所示。

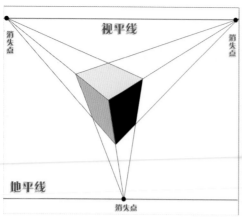

图1-36　三点透视

2．散点透视 >>>>

　　散点透视也叫多点透视，即不同物体有不同的消失点，这种透视法在中国画中比较常见。

　　传统的中国画讲究散点透视法。散点透视法不拘泥于一个视点，它是多视点的，在表现景物时，它可以将焦点透视表现的近大远小的景物，用多视点处理成平列的同等大小的景物。散点透视法可以比较充分地表现空间跨度比较大的景物的方方面面，这是传统中国画的一个很大的优点，如图1-37所示。

图1-37　散点透视

3．空气透视 >>>>

　　"空气透视"是一种自然现象，它体现了一种近实远虚的空间变化，因为空气中存在着一定的悬浮颗粒粉尘，影响光线的映射以及人们的视觉感受。在设计的图像效果中，空气透视的现象通常会被夸大和强调，便于营造出更加明显的虚实对比和空间感，如图1-38所示。

图1-38　空气透视

1.5　光影效果

　　明暗是表现物体体积和空间的重要手段，明暗的本质来源于光，有了光才有世间万物的形态，否则人们看到的只能是一片漆黑。控制明暗的逐渐变化可以创造实体形式的错觉规律，使物体有三维空间的特质。明暗分布有一定的规律，因为有了光，所以物体才有了光影变化和立体感。

　　所谓"明暗"是指光线的照射强度即亮或黯淡的效果。明暗效果是表现物体的真实感极为重要的因素。明暗效果一般避免实物原有色彩及轮廓的描绘而通过对光线及阴影的强度表现实物的真实效果。在单色画或者素描中常使用此种手段表现物体的形态及立体效果，如图1-39所示。

图1-39　明暗表现

1.5.1　光影变化规律

　　因为有了光，所以才能通过眼睛看到世界的万物形态，光影直接影响到色阶的分布效果和外观。虽然光落在物体上是非常细微和复杂的，但是还是能够找到一定的规律性。"三面五调"示意图就是一个光影教学的典范。

1. 三面 ▶▶▶

　　物体在受光的照射后，呈现出不同的明暗，受光的一面叫亮面，侧受光的一面叫灰面，背光的一面叫暗面，这就是三面，如图1-40所示。

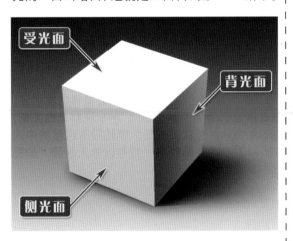

图1-40　"三面"示意图

2. 五调 ▶▶▶

　　调子是指画面不同明度的黑白层次，是体现所反映光的数量，也就是面的深浅程度。在三大面中，根据受光的强弱不同，还有很多明显的区别，形成了5个调子。除了亮面的亮调子，灰面的灰调和暗面的暗调之外，暗面由于环境的影响又出现了"反光"。另外在灰面与暗面交界的地方，它既不受光源的照射，又不受反光的影响，因此挤出了一条最暗的面，叫"明暗交界线"，如图1-41所示。

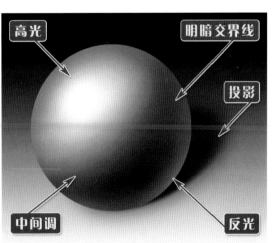

图1-41　"五调"示意图

1.5.2 光源类型

根据光影的变化规律，可以掌握物体的光影变化。但是不同的光影类型，物体所呈现的光影变化是不同的。

1．全局光 ▶▶▶▶

全局的自然光或者正面平光下，形体起伏会显得比较柔和，几乎没有明显的光影交错。虽然三面五调的特征被减弱了很多，但是它可以表现一种柔和、唯美的气氛，如图1-42所示。

图1-42　全局光

2．逆光 ▶▶▶▶

逆光可以给视觉上带来一丝神秘感，在最亮和最暗的极端色阶的强对比下，形体边缘质感和轮廓特征得到了充分的体现，如图1-43所示。

图1-43　逆光

3．侧逆光 ▶▶▶▶

当光线从物体背后映射过来时，会形成戏剧化的侧逆光效果。逆光会简化三面五调的层次感，但可以让物体的形状得到更多的统一，如图1-44所示。

图1-44　侧逆光

1.5.3 光影与色阶形状

光影也是一种形状，特别是描绘带有强烈光影效果的对象时，这种形状关系会显得愈发明显。黑色和白色构成了色阶表的两个极端现象，也是最基础的光影对比关系。因此，学会观察黑白关系，就成为画好光影对象的关键所在。当画出了对象最基本的黑白形状关系后，哪怕没有过渡的中间调子，只要那些形状关系够准确，那么画面的形体感和基本的光影效果一样可以令人信服，如图1-45所示。

图1-45 色阶形状

　　光影效果明显的对象自然比较容易观察形状关系和色阶状况，但是遇到一些平光效果的对象就比较难以区分。此时可以运用【阈值】调整命令，来辅助观察色阶分布状况，如图1-46所示。

图1-46 执行阈值命令后的效果

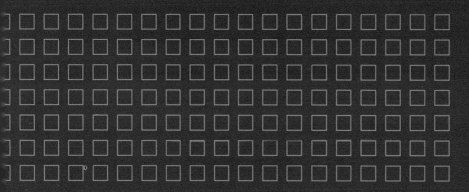

视觉特效的基本表现

　　随着现代广告的迅速发展，简单的字体编排和图形构成已满足不了当代社会的广告需求。伴随着现代网络和科学技术的飞速发展，软件在功能和性能方面的快速更新开阔了视觉特效在平面广告的设计领域。

　　本章主要讲述视觉特效的基本知识，以及在绘制这些视觉特效图像时所使用到的软件知识。通过使用Photoshop中的主要特效功能，能够使读者熟练掌握视觉特效在Photoshop中的实践与应用。

2.1 关于基本视觉特效图像

特效图像是指具有特殊效果的图像,如图2-1所示。这些带有特殊效果的图像能够吸引人们的注意力,它所表现出来的效果不同于人们日常生活或学习中所看到的,因此能够极大地吸引人们的好奇心。

图2-1 特效图像

在平面设计领域中,视觉特效图像的表现手法多种多样,成功的特效图像所使用的手法和技巧都是与众不同的,它都拥有着独特的个性和独树一帜的特点,如图2-2所示。因此,掌握一定的特效图像的制作方法对于一个设计师而言具有很重要的意义。

图2-2 不同手法的特效图像

较为常见的图像特效有发光特效、立体特效、特殊肌理特效等。另外,有些图像是对于烟、雾、闪电、火焰等自然现象进行模拟,以及对水、冰、玻璃、金属等质感进行模拟,如图2-3所示。

图2-3 咖啡字体

1. 发光特效 ▶▶▶

发光特效是视觉特效中最常见的一种特殊效果,它主要模拟灯光或者带有光源的一种物理现象,主要表现图像的绚丽效果,如图2-4所示。

图2-4 发光效果

2. 立体特效 ▶▶▶

立体特效主要要求图像在空间上具有三维效果,在表现视觉效果上更具有真实性,如图2-5所示。利用 Photoshop CS4 新增的 3D 功能可以实现这一特殊效果。

3. 特殊肌理特效 ▶▶▶

特殊肌理特效主要根据自然界中的有机纹理进行模拟,并使用 Photoshop 绘制这种纹理效果,从而产生特殊的纹理特效,这种视觉特效图像随着人们思想水平的提高而逐渐大众化,如图2-6所示。

图2-5　立体效果

图2-6　特殊肌理效果

4．烟、雾、闪电、火焰等视觉特效 ▶▶▶

　　根据烟、雾、闪电、火焰等自然现象所模拟的视觉特效，带有很强的视觉冲击力，很容易吸引欣赏者的眼球，如图2-7所示。

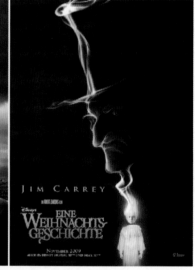

图2-7　火焰效果

5．水、冰、玻璃、金属等视觉特效 ▶▶▶

　　水、冰、玻璃等纹理有着透彻特性的视觉效果，所以它们可以很容易表现带有鲜明、单纯意味的图像。金属有着刚强的物理特性，如图2-8所示，所以它经常代表着男人或者坚强的事物。它们都有着很强的感情色彩。

图2-8　金属字特效

2.2 基本视觉特效的绘制技巧

视觉特效的基本诉求功能就是引起观众的兴趣，努力使他们信服传递的内容，并在审美的过程中欣然接受宣传的内容，诱导他们采取最终的行动。在绘制过程中要使用一定的绘制技巧与方法，如图2-9所示。

图2-9　虚幻特效

1．激发观众的兴趣 >>>>

特效图像是将特殊的视觉语言以清晰、明确的思路传递给观众，激发他们的兴趣，从而获得特殊的视觉效果，如图2-10所示。

图2-10　特效图像

2．增强图像的说服力 >>>

图像的视觉特效需要根据一定意义进行编排，要层次分明、有主有次。也可以使用夸张的艺术手法对图像的主体进行夸大，增强图像的说服力，如图2-11所示。

图2-11　广告创意特效

3．强化图像的感染力 ▶▶▶▶

使用特殊的艺术手法表现图像的视觉特效，它可以强化图像对观众的感染力，调动人们的心理情感，与观众达成共鸣，如图2-12所示。

图2-12　电影海报

随着人们思想意识的逐渐提高，特效图像的功能性也越来越强，只偏重于视觉特效的艺术性会使图像本身所具有的实用价值减弱。因此，对于视觉特效图像也要同时兼有艺术性和实用性，如图2-13所示。

图2-13　特效海报

2.3　基本视觉特效之图层样式

图层样式可以为图像添加一些特殊的视觉效果，如外发光、斜面和浮雕、描边等效果，如图2-14所示，可以根据图像的具体情况来调整各复选框内的参数值。

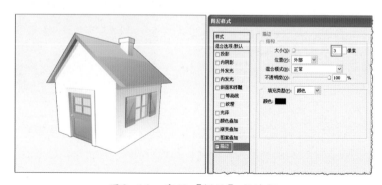

图2-14　启用【描边】复选框

在【图层样式】对话框中，"混合选项"主要包括"常规混合"、"高级混合"和"混合颜色带"3个选项，如图2-15所示。

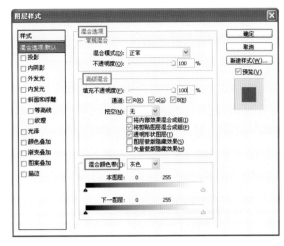

图2-15 混合选项

2.3.1 阴影效果

阴影效果在设计特效图像时可以起到突出作品效果的目的，也可以模仿现实生活中的投影效果。在【图层样式】对话框中有两种阴影效果，一是外部阴影，二是内部阴影，如图2-16所示。

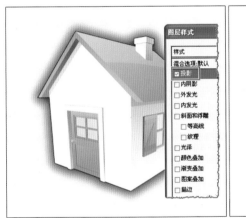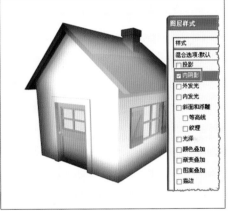

图2-16 阴影效果

在阴影的样式效果中还有其他很多选项可以进行设置，不同的参数可以调试不同的阴影效果，如图2-17所示。

图2-17 阴影参数

2.3.2 发光效果

Photoshop 中发光效果也分为 2 种，一种是外发光，一种是内发光，它们都可以为图像带来特殊的视觉效果，如图2-18 所示。

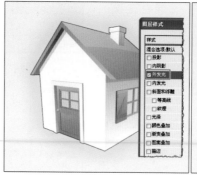

图2-18 绘制发光效果

2.3.3 斜面和浮雕

使用斜面和浮雕效果可以为图像添加立体效果，从而使图像的内容更丰富，如图2-19所示。

通过改变参数面板中的"光泽等高线"等参数，可以改变斜面和浮雕效果，在"等高线"和"纹理"复选框中也可以调整斜面和浮雕效果，如图2-20所示。

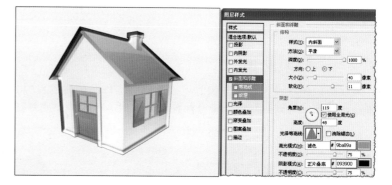

图2-19 浮雕效果

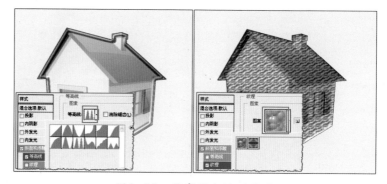

图2-20 等高线与纹理效果

2.3.4 光泽效果

光泽效果可以使金属、水晶灯效果更具有光泽感，也可以表现特效图像的光泽效果，如图2-21所示。

图2-21 光泽效果

2.3.5 叠加效果

在【图层样式】对话框中提供了3种叠加样式：颜色叠加、渐变叠加和图案叠加，不同的叠加样式可以为图像提供不同的特效效果，如图2-22所示。

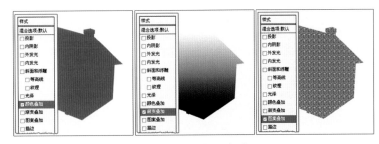

图2-22 叠加效果

2.3.6 描边效果

描边效果可以为图像添加不同颜色、不同粗细的描边，在"描边"参数面板中有"结构"和"填充类型"选项，分别调整该选项中的参数可以调整图像的描边效果，如图2-23所示。

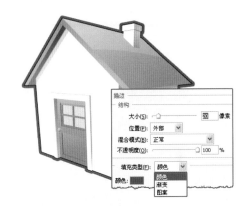

图2-23 描边效果

2.4 基本视觉特效之滤镜

在绘制特效图像时，对于滤镜的使用是必不可少的，它可以为图像添加许多精彩的视觉特效，使得图像在表现主体内容时锦上添花。

2.4.1 滤镜库

滤镜库将常用的滤镜组合在一个对话框中，以折叠菜单的方式显示，并为滤镜提供了直观的预览效果。也可以在该对话框中为图像连续显示多个滤镜效果。

执行【滤镜】|【滤镜库】命令，打开滤镜库对话框，对话框的中间为滤镜列表，单击需要的滤镜组，可以浏览到滤镜组中的各个滤镜，如图2-24所示。

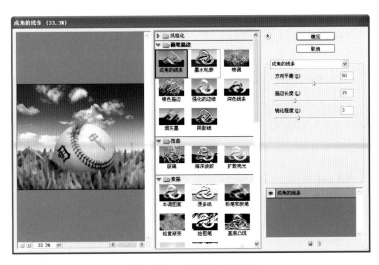

图2-24 滤镜库对话框

在对话框的左侧为图像预览窗口，单击 ⊟ 和 ⊞ 按钮可以缩小或放大图像的比例；对话框右侧上部为滤镜命令的参数面板，调整参数可以仔细调整图像的滤镜效果；对话框右侧下部为滤镜效果编辑区，单击 ◉ 按钮可以隐藏当前的滤镜效果，它可以方便对比图像的原始效果；单击 ⬚ 按钮可以在新建效果层中添加其他滤镜效果，单击 🗑 按钮可删除当前效果层中的滤镜效果，执行滤镜命令前后的图像效果如图 2-25 所示。

原始素材　　　　　　　　　　　　　　滤镜效果

图2-25　滤镜效果

2.4.2　消失点命令

消失点滤镜可以在有透视平面的图像中进行透视校正编辑。通过使用消失点命令，可以在指定的透视平面中进行绘画、仿制、复制、粘贴以及变换等操作。

执行【滤镜】|【消失点】命令，打开【消失点】对话框，该对话框包含用于自定义透视平面的工具和用于编辑图像的工具以及图像编辑区，如图 2-26 所示。

使用【消失点】滤镜的基本方法是：首先在预览图像中使用【创建透视平面工具】🔲 绘制透视平面区域，然后就可以在绘制好的透视区域进行复制、仿制、粘贴和变换编辑。

首先使用【创建透视平面工具】🔲 绘制一个透视区域，如图 2-27 所示。

图2-26　【消失点】对话框

图2-27　绘制透视区域

然后选择【图章工具】，在"修复"下拉菜单中选择"关"，按住 Alt 键单击墙面进行取样，然后在窗户上进行涂抹，直至窗户被修掉，如图 2-28 所示。

图2-28 使用图章工具 清除窗户

也可以使用【选框工具】在透视选区内绘制一个选区，按住 Ctrl 键可以仿制透视区域内的图像，按住 Alt 键可以复制选区内的图像。

2.4.3 像素化滤镜组

像素化滤镜会将图像转换为平面色块组成的图案，设置不同的参数绘制图像的滤镜效果也各不相同。

1. 彩块化

执行【滤镜】|【像素化】|【彩块化】命令，它将纯色或邻近色的像素结块为彩色像素块，使图像近似于手绘效果，如图 2-29 所示。

原图

彩块化效果

图2-29 彩块化效果

2. 彩色半调

该滤镜模拟在图像的每个通道上使用扩大的半调网屏效果。对于每个通道，该滤镜用小矩形将图像分割，并用圆形图像替换矩形图像。圆形的大小与矩形的亮度成正比，如图 2-30 所示。

>> "最大半径"可以设置栅格的大小。

>> "网角（度）"可以设置屏蔽度数，一共有4个通道，分别代表填入颜色之间的角度。

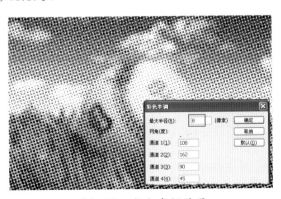

图2-30 彩色半调效果

3．点状化 ▶▶▶▶

该滤镜就可以将图像中的颜色分散为随机分布的网点，就像点彩画派的绘画风格一样，如图 2-31 所示。其中，"单元格大小"选项可以调整网点的大小。

图2-31　点状化效果

4．晶格化 ▶▶▶▶

该滤镜可以将图像中的像素结块为纯色的多边形，使图像产生水彩效果，如图 2-32 所示。其中，"单元格大小"选项用于控制像素结块的大小。

图2-32　晶格化效果

5．马赛克 ▶▶▶▶

该滤镜模拟使用马赛克拼出图像的效果。它可以根据图像的变化使有某种颜色填充每一个拼贴快，如图 2-33 所示。其中，"单元格大小"选项用于设置拼贴块的大小。

6．碎片 ▶▶▶▶

该滤镜所实现的特效如同将原始图像复制几份，然后使它们互相偏移，形成一种重影的效果，如图 2-34 所示。

图2-33　马赛克效果

图2-34　碎片效果

7．铜板雕刻 ▶▶▶▶

该滤镜将图像转换为黑白区域的随机图案，或彩色图像的全饱和颜色随机图案，如图 2-35 所示。

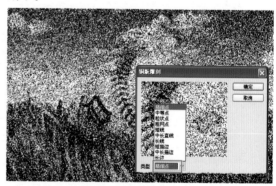

图2-35　铜板雕刻效果

2.4.4　扭曲滤镜组

使用扭曲滤镜组可以对图像进行几何图像变形、创建三维或其他变形效果，如图 2-36 所示。

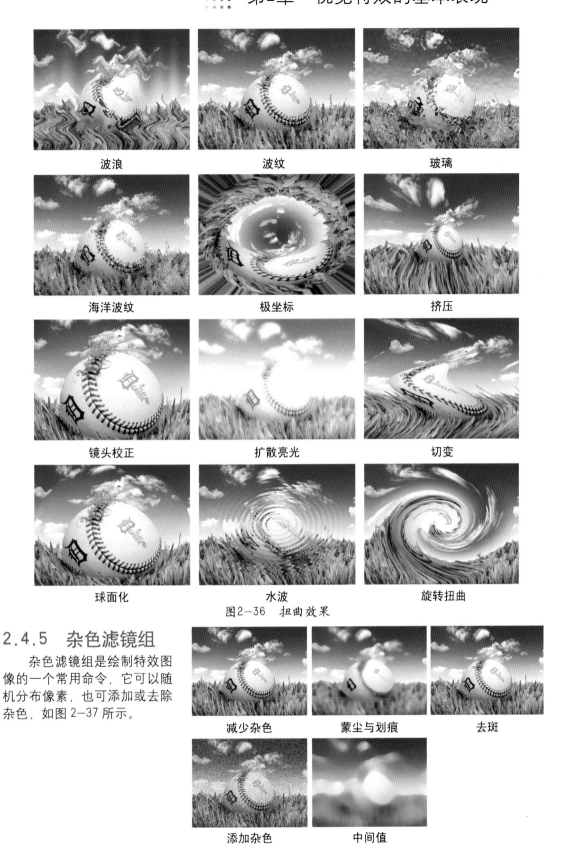

波浪　　　　　　　　波纹　　　　　　　　玻璃

海洋波纹　　　　　　极坐标　　　　　　　挤压

镜头校正　　　　　　扩散亮光　　　　　　切变

球面化　　　　　　　水波　　　　　　　　旋转扭曲

图2-36　扭曲效果

2.4.5　杂色滤镜组

　　杂色滤镜组是绘制特效图像的一个常用命令，它可以随机分布像素，也可添加或去除杂色，如图2-37所示。

减少杂色　　　　　　蒙尘与划痕　　　　　去斑

添加杂色　　　　　　中间值

图2-37　杂色滤镜组

2.4.6   模糊滤镜组

使用模糊滤镜组可以对选区或图像执行模糊命令，使图像更加柔和。通过对图像中线条和阴影区域硬边相邻的像素进行平均化，产生平滑的过渡效果，如图 2-38 所示。

表面模糊

动感模糊

方框模糊

高斯模糊

进一步模糊

径向模糊

镜头模糊

模糊

平均

特殊模糊

形状模糊

图2-38   模糊效果

2.4.7   渲染滤镜组

该滤镜组主要在图像中创建云彩、折射和模拟光线等效果，是绘制特效图像的主要滤镜组之一，如图 2-39 所示。

分层云彩

光照效果

镜头光晕

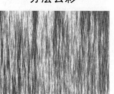
纤维效果

云彩

图2-39   渲染效果

2.4.8 画笔描边滤镜组

该滤镜可以模拟不同的画笔和油墨描边，使图像产生不同形状的线条效果，可以创造出不同的绘画效果，如图2—40所示。

成交的线条 　墨水轮廓 　喷溅

喷色描边 　强化的边缘 　深色线条

烟灰墨 　阴影线

图2—40 画笔描边效果

2.4.9 素描滤镜组

素描滤镜组里的命令对绘制特效图像非常实用，它所实现的效果非常丰富，但在使用该命令时要注意前景色与背景色，实现以下效果时设置前景色为黑色，背景色为白色，如图2—41所示。

半调图案 　便条纸 　粉笔与炭笔

铬黄 　绘图笔 　基底凸显

水彩画纸 　撕边 　塑料效果

炭笔 炭精笔 图章

网状 影印

图2-41 素描效果

2.4.10 纹理滤镜组

使用该滤镜组可以为图像添加各种纹理材质效果，造成图像的深度感和材质感，如图2-42所示。

龟裂缝 颗粒 马赛克拼贴

拼缀图 染色玻璃 纹理化

图2-42 纹理效果

2.4.11 艺术效果滤镜组

该滤镜组主要为图像提供各种绘画风格的图像，它是为图像绘制特效效果的主要滤镜之一，如图2-43所示。

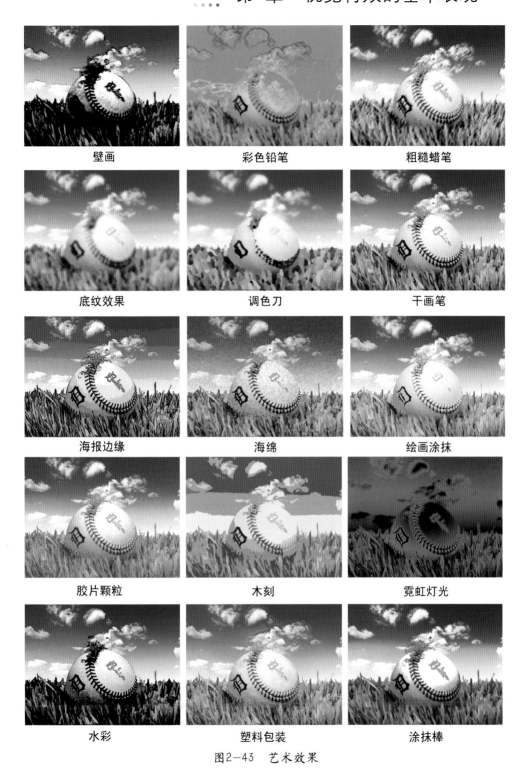

壁画	彩色铅笔	粗糙蜡笔
底纹效果	调色刀	干画笔
海报边缘	海绵	绘画涂抹
胶片颗粒	木刻	霓虹灯光
水彩	塑料包装	涂抹棒

图2-43 艺术效果

2.4.12 锐化滤镜组

"锐化"滤镜通过增加相邻像素的对比度来聚焦模糊的图像,也就是可以锐化图像的模糊部分,如图2-44所示。

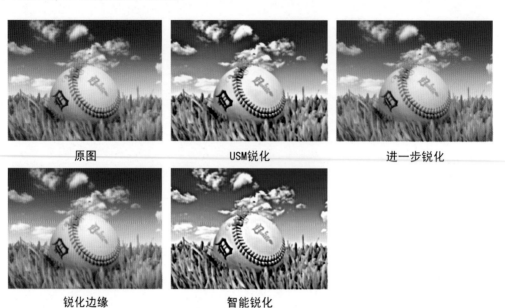

原图　　　　　　　USM锐化　　　　　　　进一步锐化

锐化边缘　　　　　　智能锐化

图2-44　锐化效果

2.4.13　风格化滤镜组

　　"风格化"滤镜主要是通过移动和置换图像的像素并提高图像像素的对比度，以产生印象派及其他风格化效果，如图2-45所示。

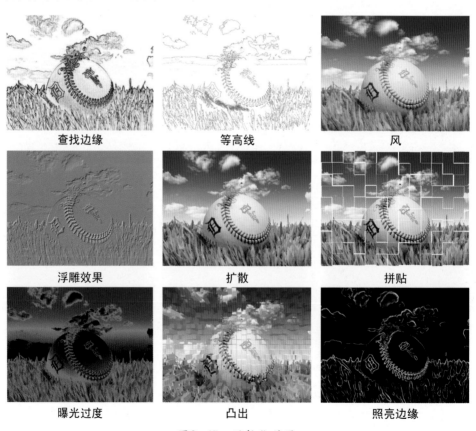

查找边缘　　　　　　等高线　　　　　　　风

浮雕效果　　　　　　扩散　　　　　　　拼贴

曝光过度　　　　　　凸出　　　　　　照亮边缘

图2-45　风格化效果

2.4.14 其他滤镜组

其他滤镜组主要用来修饰图像的细节部分,也可以使用户创建自己的特殊滤镜效果,如图2—46所示。

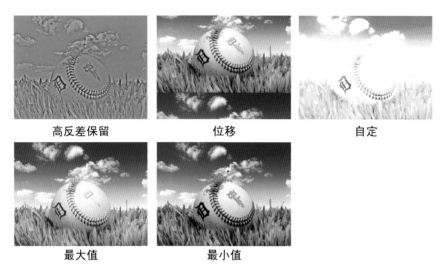

高反差保留　　　　　　位移　　　　　　　　自定

最大值　　　　　　最小值

图2—46　其他滤镜效果

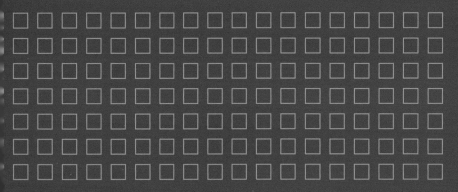

商业特效的视觉表现

商业特效是商业广告的一种表现形式，它随着商业的发展而诞生，根据商品的广告主题，经过精心思考和策划，运用艺术手段，把所掌握的材料进行创造性的组合，以塑造一个特殊效果。

本章主要介绍特效图像在商业广告中的应用特点和绘制技巧，并具体介绍Photoshop CS4在绘制商业特效图像时所用到的主要功能，使得读者能够快速地投入实际应用中。

3.1 关于商业视觉特效

在平面设计领域中，对于特效图像的应用非常广泛，在广告、海报、书籍封面、报纸等设计领域都能够看到大量的特效图像。因此，掌握一定的特效图像的制作方法对于一个设计师而言具有很重要的意义。而一个即将成为设计师的学习者，不仅能够通过练习特效图像的制作方法掌握Photoshop的使用技巧，而且也可以拓宽设计思路。

3.1.1 商业视觉特效的内涵

商业视觉特效主要是指视觉特效图像在商业广告中的应用，商业广告主要针对目前市场的消费者，其主要目的是赢得消费者的购买欲望以及获得潜在消费者的普遍关注，如图3-1所示。

图3-1 饮料广告特效

在商业特效图像的创作中，广告主题是作品所要表达的思想和观点，是作品内容的核心，它主要指广告为了达到某种特定目的而要说明的观念。它是无形的、观念性的东西，所以必须借助某一个有形的东西才能表达出来，如图3-2所示。

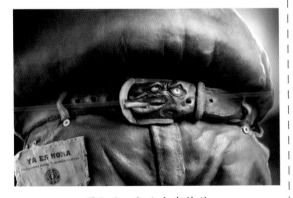

图3-2 商业广告特效

任何关于艺术的活动都必须具备两个要素：一是客观事物本身，就是艺术所表现的对象；二是表现客观事物的形象，它是艺术表现的手段。将这两者有机地联系在一起所形成的构思活动，就是创意，如图3-3所示。

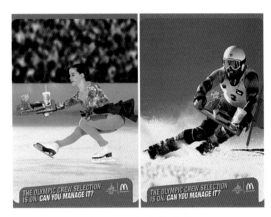

图3-3 麦当劳广告

创意是商业特效图像所必不可少的，它是商业广告的灵魂，也是表现特效图像的主要手法，它是视觉特效广告区别于其他平面广告的主要依据，如图3-4所示。

图3-4 可口可乐广告

在特效图像的表现过程中，形象的选择是很重要的，如图3-5所示。因为它是传递客观事物信息的符号。一方面必须要比较确切地反映被表现事物的本质特征，另一方面又必须能够为公众理解和接受。

图3-5　酒类广告特效

图3-7　商业特效广告

在特效广告的活动中，形象的新颖性也很重要，如图3-6所示。创作者也要努力寻找合适的艺术形象来表达广告主题，如果艺术形象选择不成功，就会无法通过意念的传达去刺激、感染和说服消费者。

3.1.2　商业视觉特效的原则

在创作商业特效广告时，为了达到预期的商业目的，首先要遵循两个设计原则，一是商业广告的独创性原则；二是商业广告的时效性原则。

1．商业广告的独创性原则 ▶▶▶▶

所谓独创性原则是指商业广告中不能因循守旧、墨守成规，而要勇于和善于标新立异、独辟蹊径，如图3-8所示。

图3-6　啤酒广告特效

在人们头脑中形成的表象经过创作者的感受、情感体验和理解作用，渗透进主观情感、情绪的一定的意味，经过一定的联想、夸大、浓缩、扭曲和变形，便形成转化为意象，如图3-7所示。这种意象就是创作商业特效广告的基本条件。

图3-8　酒类广告特效

独创性的广告特效具有最大强度的心理突破效果。与众不同的新奇感是引人注目，且其鲜明的魅力会触发人们强烈的兴趣，能够在受众脑海中留下深刻的印象，如图3-9所示。

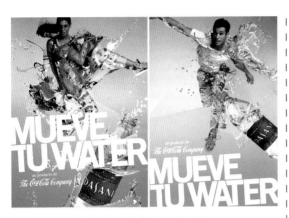

图3-9　纯净水广告特效

图3-11　饮料广告

2．商业广告的时效性原则 ▶▶▶

　　广告创意能否达到促销的目的基本上取决于广告信息的传达效率，这就是广告特效的时效性原则，其包括理解性和相关性，如图3-10所示。

图3-10　航空公司广告特效

　　理解性即易为广大受众所接受，如图3-11所示。在进行广告创意时，就要善于将各种信息符号元素进行最佳组合，使其具有适度的新颖性和独创性。其关键是在"新颖性"与"可理解性"之间寻找到最佳结合点。

　　相关性是指广告特效中的意象和广告主题相联系，而这些联系也就构成了整个特效广告的实用性，如图3-12所示。

图3-12　手机广告特效

3.1.3　商业特效的应用范围

　　视觉特效主要是以图形、色彩、文字为基本要素的艺术创作，在精神文化领域以其独特的艺术魅力影响着人们的感情和观念，在人们的日常生活中起着十分重要的作用。

　　商业特效随着社会的不断发展其应用范围也不断扩大，主要用于广告设计、图像设计、包装设计、网页设计、界面设计等商业活动中，如图3-13所示，它起着沟通企业—商品—消费者桥梁的作用。

图3-13 龙发广告特效

图3-15 图像合成特效

1．广告设计 ▶▶▶▶

广告设计利用各种手工或电脑的绘画手段或影像技术，以及利用复合方式进行创造性的图像设计，构思巧妙，表现独特，如图3-14所示。

图3-14 创意广告特效

2．图像设计 ▶▶▶▶

图像设计指运用视觉设计手段，通过图像的造型和特定的色彩等表现手法，使图像的主题内容与企业的经营理念、行为观念、产品包装风格、营销准则与策略形成一种整体形象，如图3-15所示。

3．包装设计 ▶▶▶▶

包装设计是对商品的包装外形或图像等进行艺术化的设计，吸引消费者的眼球，从而达到商业广告的目的，如图3-16所示。

图3-16 包装设计特效

4．网页设计 ▶▶▶▶

网页设计特效为网页提供了丰富的意义和多样的形式。绘制富有动感特效的文字、图案，或采用夸张的手法来表现网页的主题内容往往能够充分表达创作者的设计意境，如图3-17所示。

图3-17 网页特效设计

5．界面设计 >>>

富有视觉特效的界面能够给人带来意外的惊喜和视觉上的冲击。软件界面的独特设计既能起到吸引眼球的目的，也能把图形和软件的主题融合在一起，从而使界面设计变成了一门独特的艺术，如图 3-18 所示。

图3-18 游戏界面设计

3.2 商业视觉特效的绘制技巧

在绘制商业广告特效图像时，需要按一定的顺序进行创作，其绘制过程可分为准备资料、思考、启示、绘制和形成 5 个方面。

1．准备资料 >>>

研究所搜集资料，根据旧经验，启发新创意。资料分为一般资料与特殊资料，所谓特殊资料，主要指专为某一广告活动而搜集的有关资料，如图 3-19 所示。

图3-19 商业特效广告

2．思考 >>>

把所搜集的资料加以咀嚼消化，根据资料与主题的联系进行相关思考，利用偶然的机遇，使意识自由发展，并使其结合，如图 3-20 所示。

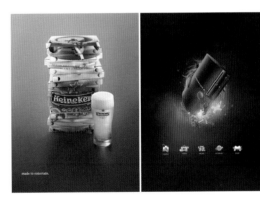

图3-20 特效广告

3．启示 >>>

印象是产生启示的源泉，启示是思考的结果，所以本过程是在意识发展与结合中产生的各种创意特效，如图 3-21 所示。

图3-21 创意特效广告

4．绘制 ▶▶▶▶

使用 Photoshop 把思考中得到的启示绘制出来，并在绘制中反复修改和更正，使其变得更加完美、和谐，如图 3-22 所示。

图3-22　啤酒广告特效

5．形成 ▶▶▶▶

将绘制完成的特效广告以文字或图形的具体形式呈现出来，并使用于实际应用中，如图 3-23 所示。

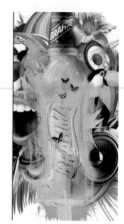

图3-23　创意广告特效

3.3　商业视觉特效之混合模式

Photoshop CS4 为人们提供了许多可以创作精彩图像的工具与命令，其中图层混合模式就是在绘制特效图像时所经常使用的命令之一，它不仅可以创作出丰富多彩的叠加及着色效果，还可以获得一些意想不到的特殊效果。

3.3.1　关于混合模式

在 Photoshop 中混合模式分布在许多选项栏或面板中，它可以与许多命令结合使用，并产生特殊效果。

1．什么是混合模式 ▶▶▶▶

混合模式其实就是像素之间的混合，在混合过程中，像素值发生了改变从而呈现不同的颜色外观。

基色、混合色和结果色是人们在学习图层混合模式过程中所了解的 3 个专业术语。基色是图像中的原稿颜色；混合色是通过绘画或编辑工具应用的颜色；结果色是混合后得到的颜色。

2．混合模式类型 ▶▶▶▶

图层混合模式有 25 种选项，在这 25 种选项中又可以分为 6 大类，分别为组合模式、加深模式、减淡模式、对比模式、比较模式和色彩模式，如图 3-24 所示。

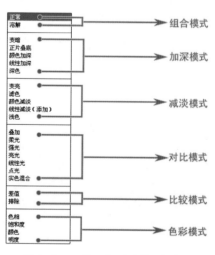

图3-24　【混合模式】菜单栏

3．混合模式的3种类型图层 ▶▶▶▶

混合模式在图像处理中主要用于颜色调整和混合图像。使用混合模式进行调整图像时，会利用源图层副本与源图层进行混合，从而达到调整图像颜色的目的。在编辑过程中会出现3种不同类型的图层，即同源图层、异源图层和灰色图层。

▶▶ 同源图层

在图3-25所示的图像中，"背景副本"图层是由"背景"图层复制而来的，两个图层完全相同，"背景副本"图层称为"背景"图层的同源图层。

图3-25　同源图层

▶▶ 异源图层

如图3-26所示，"素材"图层是从外面拖入的一个图层，那么"素材"图层称为"背景"图层的异源图层。

图3-26　异源图层

▶▶ 灰色图层

整个图层只有一个颜色值的图层通常称为灰色图层，最典型的灰色图层是50%的中性灰图层，它可以由同源图层生成，也可以通过异源图层得到。因此它既可以用于图像的色彩调整，也可以进行特殊的图像拼合，如图3-27所示。

图3-27　灰色图层

3.3.2　组合模式

组合模式主要包括"正常"和"溶解"两个选项，"正常"模式与"溶解"模式的混合效果都不依赖于其他图层。"正常"模式属于每个图层的默认模式；"溶解"模式所出现的噪点效果是它本身所形成的，与其他图层没有关系。

1. 正常模式 ▶▶▶

"正常"模式是每个图层的默认模式，通常是用图层的一部分去遮挡下面的图层，如图3-28所示。

图3-28　正常模式

2. 溶解模式 ▶▶▶

"溶解"模式可以创建一种类似于扩散抖动的效果，由扩散而形成的颗粒是随机产生的，如图3-29所示。

图3-29 溶解模式

在"溶解"模式中，如果图像的不透明度越低，那么图像像素抖动的频率就越高，如图3-30所示。

图3-30 调整图像的不透明度

3.3.3 加深模式

加深模式是一组变暗模式，两张图像叠加，在结果色中只显示图像中最暗的颜色。其模式包括变暗、正片叠底、颜色加深、线性加深和深色5种。

1. 变暗模式 》》》》

该模式通过比较上下层像素后，取相对比较暗的像素作为输出，所有颜色通道的像素都独立进行比较，色彩值相对较小的作为输出结果，如图3-31所示。

图3-31 执行"变暗"混合模式

2. 正片叠底模式 》》》》

该模式的原理是：查看每个通道中的颜色信息，并将基色和混合色复合，结果色总是较暗的颜色，任何颜色与白色混合保持不变。当用黑色或白色以外的颜色绘画时，所绘制的描边会产生逐渐变暗的颜色，如图3-32所示。

图3-32 执行"正片叠底"混合模式

3. 颜色加深模式 》》》》

"颜色加深"模式所实现的效果比上述两个混合选项所实现的效果较亮，它的工作原理是：查看每个通道中的颜色信息，并通过增加对比度使基色变暗以反映混合色，与白色混合后不产生变化，如图3-33所示。

图3-33 执行"颜色加深"混合模式

4．线性加深模式 ▶▶▶

与"颜色加深"相比较，"线性加深"混合模式所表现的图像比较平缓，它对当前图层中的颜色减少亮度值，可以产生更加明显的颜色变换，如图3-34所示。

5．深色模式 ▶▶▶

"深色"模式可以自动检测红、绿、蓝3个通道中的颜色信息，比较混合色和基色的所有通道值的总和并显示色值较小的颜色，如图3-35所示。

图3-34 执行"线性加深"混合模式

图3-35 执行"深色"混合模式

3.3.4 减淡模式

减淡模式主要包括变亮、滤色、颜色减淡、线性减淡和浅色5种混合模式，在执行该模式时，图像的黑色全部消失，任何比黑色亮的区域都可能加亮下层的图像。

1．变亮模式 ▶▶▶

"变亮"混合模式是通过查看每个通道中的颜色信息，并选择基色或混合色中较亮的颜色作为结果色。比混合色暗的像素被替换，比混合色亮的像素保持不变，如图3-36所示。

上层图像

下层图像

变亮

图3-36 变亮模式

2．滤色模式 ▶▶▶

"滤色"混合模式的原理是查看每个通道的颜色信息，并将混合色与基色复合，结果色总是较亮的颜色。用黑色过滤时颜色保持不变；用白色过滤将产生白色。就像是两台投影机打在同一个屏幕上，这样两个图像在屏幕上重叠起来结果得到一个更亮的图像，如图3-37所示。

图3-37 滤色模式

3．颜色减淡模式 ▶▶▶▶

"颜色减淡"混合模式是通过查看每个通道中的颜色信息，并通过增加对比度使基色变亮以反映混合色，与黑色混合则不发生变化，如图3-38所示。

图3-38　颜色减淡模式

4．线性减淡模式 ▶▶▶▶

"线性减淡"混合模式的工作原理是查看每个通道的颜色信息，并通过增加亮度使基色变亮以反映混合色，与黑色混合不发生变化，如图3-39所示。

图3-39　线性减淡模式

5．浅色模式 ▶▶▶▶

选择"浅色"混合模式以后，分别检测红、绿、蓝通道中的颜色信息，比较混合色和基色的所有通道值的总和并显示值较大的颜色。"浅色"不会生成第三种颜色，因为它将从基色和混合色中选择最大的通道值来创建结果颜色，如图3-40所示。

图3-40　浅色模式

技巧

"线性减淡"和"颜色减淡"模式都可以提高图层颜色的亮度，"颜色减淡"产生更鲜明、更粗糙的效果；而"线性减淡"产生更平缓的过渡。因为它们使图像中的大部分区域变白，所以减淡模式非常适合模仿聚光灯或其他非常亮的效果。

3.3.5　对比模式

对比模式包括叠加、柔光、强光、亮光、线性光、点光和实色混合7种混合模式，在选择这些混合模式时，会使图像50%的灰色完全消失。任何暗于50%灰色的区域都可能会使下面的图像变暗，而亮于50%的区域则可能会加亮下层的图像。换言之，这些混合模式在加亮一个区域的同时又会使另一个区域变暗，从而增加下层图像的对比度。

1．叠加模式 ▶▶▶▶

"叠加"混合模式是对颜色进行正片叠底或过滤，具体取决于基色。图案或颜色在现有像素上叠加，同时保留基色的明暗对比。不替换基色，但基色与混合色互相混合以反映颜色的亮度或暗度，如图3-41所示。

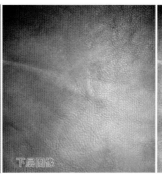

上层图像　　下层图像　　叠加模式

图3-41　叠加模式

2．柔光模式 ▶▶▶

"柔光"混合模式会产生一种柔光照射的效果，此效果与发散的聚光灯照在图像上相似。如果"混合色"颜色比"基色"颜色的像素更亮一些，那么"结果色"将更亮；如果"混合色"颜色比"基色"颜色的像素更暗一些，那么"结果色"颜色将更暗，使图像的亮度反差增大，如图3-42所示。

图3-42　柔光模式

提示

"柔光"模式是由混合色控制基色的混合方式，这一点与"强光"模式相同，但是混合后的图像却更加接近"叠加"模式的效果。因此，从某种意义上来说，"柔光"模式似乎是一个综合了"叠加"和"强光"两种模式特点的混合模式。

3．强光模式 ▶▶▶

"强光"混合模式的作用原理是复合或过滤颜色，具体取决混合色。此效果与耀眼的聚光灯照在图像上相似，如图3-43所示。

图3-43　强光模式

4．亮光模式 ▶▶▶

"亮光"混合模式是通过增加或减小对比度来加深或减淡颜色，具体取决于混合色。如果混合色（光源）比50%灰色亮，则通过减小对比度使图像变亮；如果混合色比50%灰色暗，则通过增加对比度使图像变暗，如图3-44所示。

提示

"亮光"模式是叠加模式组中对颜色饱和度影响最大的一个混合模式。混合色图层上的像素色阶越接近高光和暗调，反映在混合后的图像上的对应区域反差就越大。利用"亮光"模式的特点，用户可以给图像的特定区域增加非常艳丽的颜色。

图3-44　亮光模式

5. 线性光模式 ▶▶▶

　　"线性光"混合模式是通过减小或增加亮度来加深或减淡颜色，具体取决于混合色。如果混合色（光源）比50%灰色亮，则通过增加亮度使图像变亮。如果混合色比50%灰色暗，则通过减小亮度使图像变暗，如图3-45所示。

图3-45　线性光模式

6. 点光模式 ▶▶▶

　　"点光"混合模式的原理是根据混合色替换颜色，具体取决于混合色。如果混合色（光源）比50%灰色亮，则替换比混合色暗的像素，而不改变比混合色亮的像素。如果混合色比50%灰色暗，则替换比混合色亮的像素，而比混合色暗的像素保持不变，如图3-46所示。

图3-46　点光模式

7. 实色混合模式 ▶▶▶

　　"实色混合"模式是将混合颜色的红色、绿色和蓝色通道值添加到基色的RGB值。如果通道的结果总和大于或等于255，则值为255；如果小于255，则值为0。因此，所有混合像素的红色、绿色和蓝色通道值要么是0，要么是255。这会将所有像素更改为原色：红色、绿色、蓝色、青色、黄色、洋红、白色或黑色，如图3-47所示。

图3-47　实色混合模式

3.3.6　比较模式

　　比较模式主要包括差值与排除这两种模式，它们的功能很相似，都寻找上下层图像完全相同的区域，并将这些区域显示为黑色，而所有不同的区域则显示为灰度层次或彩色。在这些模式中，上层的白色会使下层的图像显示的内容相反，而上层中的黑色不会改变下层的图像。

1．差值模式 ▶▶▶

"差值"混合模式通过查看每个通道中的颜色信息，并从基色中减去混合色，或从混合色中减去基色，具体取决于哪一个颜色的亮度值更大。与白色混合将反转基色值；与黑色混合则不产生变化，如图3-48所示。

上层图像

下层图像

差值模式

图3-48 差值模式

2．排除模式 ▶▶▶

"排除"混合模式主要用于创建一种与"差值"模式相似，但对比度更低的效果。与白色混合将反转基色值；与黑色混合则不发生变化。

这种模式通常使用频率不是很高，不过通过该模式能够得到梦幻般的怀旧效果。这种模式产生一种比"差值"模式更柔和、更明亮的效果，如图3-49所示。

图3-49 排除模式

3.3.7 色彩模式

色彩模式包括色相、饱和度、颜色和明度4种模式，这几种模式可以分为3种成分，分别是色相、饱和度和亮度，这些模式在混合时与色相、饱和度和亮度有密切关系。

1．色相模式 ▶▶▶

"色相"混合模式原理是用基色的明亮度和饱和度以及混合色的色相创建结果色，如图3-50所示。

上层图像

下层图像

色相

图3-50 色相模式

2．饱和度模式 》》》

"饱和度"混合模式是用基色的明亮度和色相，以及混合色的饱和度创建结果色。绘画在无饱和度（灰色）的区域上，使用此模式绘画不会发生任何变化。饱和度决定图像显示出多少色彩。如果没有饱和度，就不会存在任何颜色，只会留下灰色。饱和度越高，区域内的颜色就越鲜艳。当所有对象都饱和时，最终得到的几乎就是荧光色了，如图 3-51 所示。

图3-52　颜色模式

4．明度模式 》》》

"明度"混合模式是用基色的色相和饱和度，以及混合色的明亮度创建结果色。此模式创建与"颜色"模式相反的效果。这种模式可将图像的亮度信息应用到下面图像中的颜色上。它不能改变颜色，也不能改变颜色的饱和度，而只能改变下面图像的亮度，如图 3-53 所示。

图3-51　饱和度模式

3．颜色模式 》》》

"颜色"混合模式是用基色的明亮度，以及混合色的色相和饱和度创建结果色。这样可以保留图像中的灰阶，并且对于给单色图像上色和给彩色图像着色都会非常有用，如图 3-52 所示。

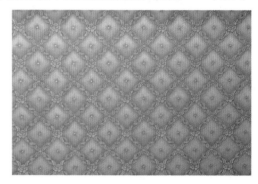

图3-53　明度模式

3.4　商业视觉特效之蒙版

蒙版是 Photoshop CS4 处理特效图像时最常用的功能，它也是处理图像特殊效果的基础。在处理图像的过程中，它能够方便快速地选择图像中的一部分进行绘制或编辑操作，而其他部分不受影响。

3.4.1　关于蒙版

蒙版图层是一项重要的复合技术，它可以将许多图片组合成单个图像，也可以用于图像的局部调整。蒙版大致可以分为快速蒙版、剪切蒙版、图层蒙版和矢量蒙版 4 种类型。

1．选区与蒙版 》》》

蒙版也是一种特殊的选区，在处理图像时它主要担负起保护蒙版中的图像不被破坏，蒙版之外的图像区域可以进行编辑或处理。如图 3-54 所示，首先创建选区，然后单击【添加图层蒙版】按钮 ▣，选区内的区域受保护而显示，选区外的区域则隐藏。

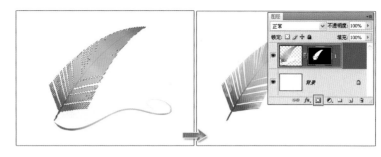

图3-54 选区与蒙版

2．通道与蒙版 ▶▶▶

在 Photoshop 中，蒙版作为一种选区存储在通道中，当一个图像建立蒙版之后，【通道】面板中也会同时生成一个"蒙版"通道。选择该通道，使用【画笔工具】 ✍进行涂抹，也会影响到图像的图层蒙版，如图 3-55 所示。

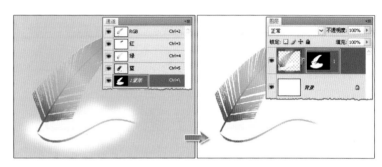

图3-55 通道与蒙版

3.4.2 快速蒙版

快速蒙版模式是使用各种绘图工具来建立临时蒙版的一种高效率的方法。使用快速蒙版模式建立的蒙版能够快速地转换为选择区域或保存为【通道】面板中的"蒙版"通道，供以后使用。

1．创建临时快速蒙版 ▶▶▶

首先创建选区，然后单击工具箱下方的【以快速蒙版模式编辑】按钮 ◙ ，会自动建立一个临时的图像屏蔽，受保护区域与未受保护区域会以不同的颜色显示。同时也会在【通道】面板中新建一个暂时的"快速蒙版"通道，如图 3-56 所示。

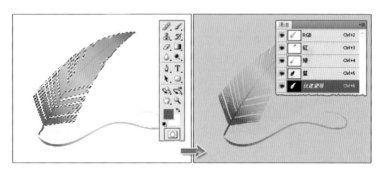

图3-56 创建快速蒙版

2．更改【快速蒙版选项】 ▶▶▶

【快速蒙版选项】可以更改保护区域和未保护区域的颜色，双击【以快速蒙版模式编辑】按钮 ◙ ，如图 3-57 所示。

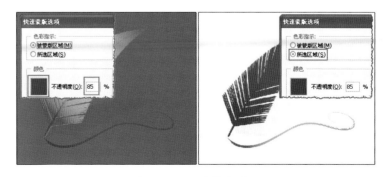

图3-57 快速蒙版选项

3．编辑快速蒙版 ▶▶▶▶

建立快速蒙版后，前景色会自动生成白色，背景色为黑色。使用【钢笔工具】 ✍ 绘制羽毛投影轮廓并转换为选区，填充白色，如图3-58所示。

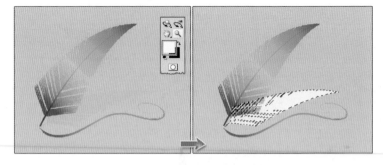

图3-58　增加图像保护区域

建立快速蒙版后，设置前景色为黑色，使用【矩形选框工具】 ▢ 绘制选区并填充黑色，此时选区内的羽毛就会成为未保护区域，如图3-59所示。

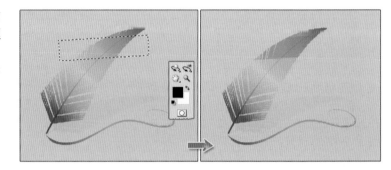

图3-59　减少图像保护区域

当建立快速蒙版后，还可以对快速蒙版执行【滤镜】|【模糊】|【高斯模糊】等命令，当执行【高斯模糊】命令后，图像就会得到选区羽化后的效果，如图3-60所示。

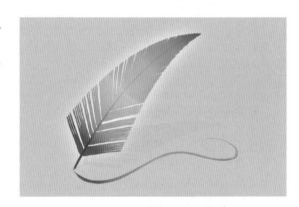

图3-60　执行【高斯模糊】命令

3.4.3　剪切蒙版

剪切蒙版是相对比较复杂的蒙版，但所实现的效果非常丰富。它在处理特效图像时可以使用某个图层的内容来遮盖其上方的图层，遮盖效果由底部图层或基底图层的内容决定。

1．创建剪切蒙版 ▶▶▶

当【图层】面板中存在两个或两个以上图层时就可以创建剪切蒙版。首先选择一个图层，执行【图层】|【创建剪切蒙版】命令，该图层会与其下方的图层创建剪切蒙版，如图3-61所示。

图3-61　创建剪切蒙版

2．编辑剪切蒙版 》》》》

创建剪切蒙版后，还可以对其中的图层进行编辑，比如移动图层、设置图层属性以及添加图像图层等操作，从而更改图像效果。

》》移动图层

在剪切蒙版中，两个图层中的图像均可以随意移动。例如，移动下方图层中的图像，会在不同位置显示上方图层中不同区域的图像；如果移动的是上方图层中的图像，那么会在同一位置显示该图层中不同区域的图像，并且可能会显示出下方图层中的图像，如图3-62所示。

图3-62　移动剪切蒙版中的图层

》》设置图层属性

在剪切蒙版中，可以设置图层不透明度或者设置图层混合模式来改变图像效果。通过设置不同的图层来显示不同的图像效果，如图3-63所示。

设置剪切蒙版中下方图层的【不透明度】选项，可以控制整个剪切蒙版组的不透明度；而调整上方图层的【不透明度】选项，只是控制其自身的不透明度，不会对整个剪切蒙版产生影响，如图3-64所示。

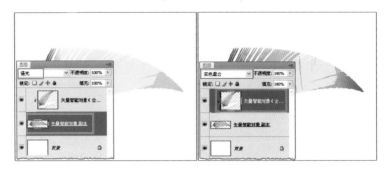

图3-63　设置混合模式

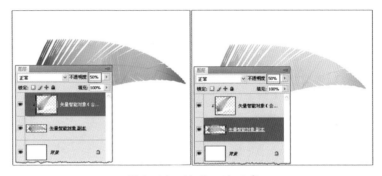

图3-64　设置不透明度

》》添加图像图层

剪切蒙版的优势就是形状图层可以应用于多个图像图层，从而分别显示相同范围中的不同图像。创建剪切蒙版后，将其他图层拖至剪切蒙版中即可，这时可以通过隐藏其他图像图层显示不同的图像效果，如图3-65所示。

图3-65　添加图像图层

3.4.4　图层蒙版

图层蒙版是Photoshop中比较实用、方便的命令，也是在绘制特效图像时使用最多的命令，它可以用来盖住图像中不需要的部分，控制图像的显示范围。在图层蒙版中，黑色区域表示当前图层中的蒙版区域完全透明，白色区域表示当前图层中的蒙版区域完全不透明，灰色区域代表当前图层半透明。

1. 创建图层蒙版 ▶▶▶▶

创建图层蒙版有两种方法，一是执行【图层】|【图层蒙版】|【显示全部】命令，创建一个白色填充的蒙版，显示全部图像；二是执行【图层】|【图层蒙版】|【隐藏全部】命令，创建一个黑色填充的蒙版，隐藏全部图像，如图3-66所示。

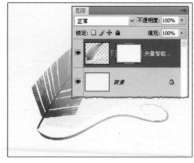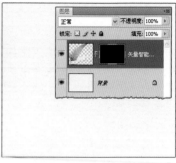

图3-66　添加图层蒙版

2. 编辑图层蒙版 ▶▶▶▶

创建图层蒙版之后，可以使用绘画工具在蒙版上进行涂抹，显示或隐藏图像，也可以进行复制、移动以及各种命令用以达到处理图像的效果。

▶▶ 显示或隐藏图像

当为图像创建白色填充的蒙版之后，用户可以使用【画笔工具】 在蒙版上进行涂抹，涂抹黑色可以隐藏图像，涂抹白色可以显示图像，如图3-67所示。

图3-67　显示或隐藏图像

▶▶ 复制图层蒙版

创建图层蒙版之后，还可以将蒙版复制到其他图层中，以相同的蒙版显示或隐藏图像内容。方法是按住 Alt 键通过拖动鼠标到需要添加蒙版的图层即可，如图3-68所示。

图3-68　复制图层蒙版

▶▶ 移动图层蒙版

移动图层蒙版的前提就是把蒙版与图层分开，在【图层】面板中，图层与蒙版之间有一个链接图标，当取消链接时，蒙版就可以自由移动，如图3-69所示。

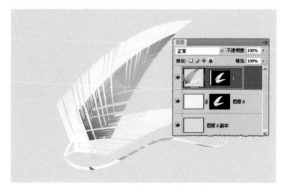

图3-69　移动图层蒙版

3.4.5 矢量蒙版

图层蒙版用于创建基于像素的柔和边缘蒙版，遮蔽整个图层或图层组，或者只遮蔽其中的所选部分。矢量蒙版则用于创建基于矢量形状边缘清晰的设计元素。

1．创建矢量蒙版 》》》》

矢量蒙版与图像的分辨率无关，它主要使用【钢笔工具】或者形状工具创建路径，然后以矢量形状控制图像的显示区域。执行【图层】|【图层蒙版】|【显示全部】命令，可以创建一个显示全部图像的矢量蒙版；执行【图层】|【图层蒙版】|【隐藏全部】命令，可以创建一个隐藏全部图像的矢量蒙版，后者创建的矢量蒙版呈灰色，如图 3-70 所示。

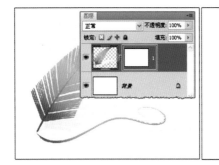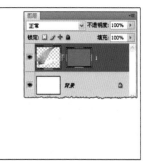

图3-70 创建矢量蒙版

2．编辑矢量蒙版 》》》》

创建矢量蒙版之后，单击"矢量蒙版"缩览图，可以使用形状、钢笔或直接选择工具对现有形状进行编辑操作。

》》添加显示区域

创建矢量蒙版之后，可以使用【钢笔工具】或形状工具对蒙版进行编辑操作，如图 3-71 所示。

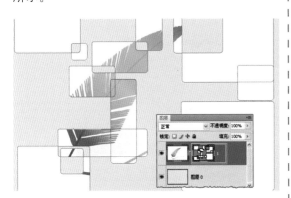

图3-71 添加矢量蒙版的显示区域

》》将矢量蒙版转换为图层蒙版

由于矢量蒙版无法合成图像效果，因此可以将矢量蒙版转换为图层蒙版，并对图层蒙版进行合成处理，如图 3-72 所示。

图3-72 栅格化矢量蒙版

3.5 商业视觉特效之通道

通道是储存不同类型信息的灰度图像，它主要用来保存图像颜色的颜色数据和选区等，在Photoshop 中包含了 3 种类型的通道，即颜色通道、专色通道和 Alpha 通道。它们不仅能够保存图像中的信息，还可以修改这些信息，并能够在图像中间接或直接地表现出来，所以改变通道的过程就是调整图像的过程。

3.5.1 【通道】面板

打开图像，系统会自动创建颜色信息通道。打开【通道】面板，在该面板中最先列出的通道是当前图像所显示的颜色模式，如 RGB、CMYK 或 Lab 模式。其中复合通道包含了任何信息，在复合通道下可以预览和编辑所有颜色，如图 3—73 所示。

图3-73 【通道】面板

图像的颜色模式决定了所创建颜色通道的数目，默认状态下，RGB 图像包含 3 个通道（红、绿、蓝），以及一个用于编辑图像的复合通道；CMYK 图像包含 4 个通道（青色、洋红、黄色、黑色）和一个复合通道；Lab 图像包含 3 个通道（明度、a、b）和一个复合通道；位图、灰度、双色调和索引颜色图像只有一个通道，如图 3—74 所示。

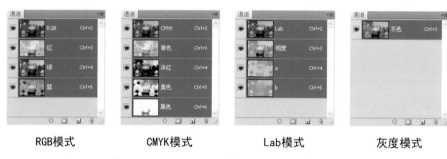

| RGB模式 | CMYK模式 | Lab模式 | 灰度模式 |

图3-74 颜色模式

3.5.2 颜色通道

颜色通道记录了图像的打印颜色和显示颜色，当对图像进行调整、绘画等编辑时，如果只选择某一个颜色通道，那么操作将改变当前通道中的颜色，如果没有指定某一个通道，则操作将影响所有通道。

1．RGB通道 》》》》

RGB 模式是 Photoshop 默认的图像模式，它将自然界的光线视为由红、绿、蓝 3 种基本颜色组成，因此它是 24（8×3）位／像素的三通道图像模式，如图 3—75 所示。

| 红色 | 滤色 | 蓝色 |

图3-75 RGB的3种基本显示颜色

在【通道】面板中，RGB 并不是一个通道，它代表着 3 个通道的综合效果，如果关闭 RGB 通道中的任何一个通道，RGB 通道就会关闭，图像也随之偏色，如图 3—76 所示。

红与绿 　　　　　　　　 红与蓝 　　　　　　　　 绿与蓝

图3-76 隐藏任一个通道对图像的影响

在【通道】面板中,分别单击"红"、"绿"、"蓝"3个通道,会发现每个通道都显示一个灰度图像,每个通道所显示的明度也各不相同,如图3-77所示。

红 　　　　　　　　　　 绿 　　　　　　　　　　 蓝

图3-77 红、绿、蓝通道

2. CMYK颜色通道 ▶▶▶

CMYK颜色通道有4个通道,与RGB通道略有不同,RGB显示的图像稍亮,CMYK显示的图像稍暗,如图3-78所示。

RGB模式 　　　　　　　　　 CMYK模式

图3-78 RGB模式与CMYK模式

单击CMYK通道中的每个单独通道,也会各生成一个灰度图像。在CMYK灰度图像中,较白表示油墨含量较低,较黑表示油墨含量较高,纯白表示完全没有油墨,如图3-79所示。

青色 　　　　　　　　　　 洋红

黄色 　　　　　　　　　　　　 黑色

图3-79　CMYK颜色通道中的灰度图像

3．Lab颜色通道 ▶▶▶▶

Lab 颜色通道由 3 个通道组成，它的一个通道为亮度，其他两个通道为颜色通道，分别用 a、b 来表示。a 通道包含的颜色是从深绿色（低亮度值）到灰色（中亮度值）再到亮粉红色（高亮度值）；b 通道则是从亮蓝色（低亮度值）到灰色（中亮度值）再到黄色（高亮度值），因此具有此模式的图像颜色会比较亮些，如图 3-80 所示。

图3-80　Lab通道

4．多通道 ▶▶▶▶

多通道图像为 8 位／像素，用于特殊的打印用途，多通道模式在每个通道中使用 256 灰度级。在将色彩图像转换为多通道时，新的灰度信息基于每个通道中像素的颜色值，比如将 RGB 图像转换为多通道模式时，可以创建青色、洋红色和黄色专色通道，如图 3-81 所示。

图3-81　RGB图像转换为多通道图像

3.5.3　Alpha通道

Alpha 通道是计算机图形学中的专业术语，它指的是非常特别的通道。有时，它特指透明信息，但通常的意思是"非彩色"通道。

1．关于Alpha通道 ▶▶▶▶

Alpha 通道有 256 个灰色级，也就是说有 256 个位置记录信息。如果用它记录颜色信息，那么它就是颜色通道；如果用它记录选择信息，那么它就是 Alpha 通道，也可以说 Alpha 通道是用来保存选择信息的一种通道。

2．创建和编辑Alpha通道 ▶▶▶▶

当使用选区工具选取一个对象范围时，可以执行【选择】|【存储选区】命令，打开【通道】面板，如图 3-82 所示。

创建 Alpha 通道后，在【通道】面板中会发现一个新建的通道，该通道就是 Alpha 通道，并且该通道是隐藏的。显示 Alpha 通道，执行【选择】|【载入选区】命令，如图 3-83 所示。

返回【图层】面板，执行【选择】|【修改】|【羽化】命令，羽化选区。执行【储存选区】命令，建立新的Alpha通道，如图3-84所示。

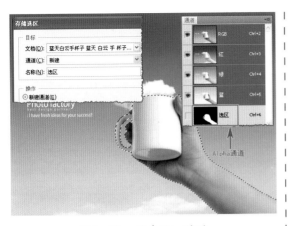

图3-82 创建Alpha通道

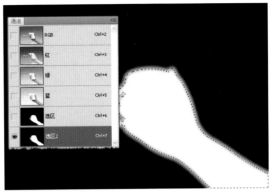

图3-84 羽化通道

图3-83 载入选区

如图3-85所示，从效果上看，载入选区区域在通道内显示白色，而边缘柔和区域在通道中显示灰色，因此可以确定，在通道中白色区域记录选区，灰色区域记录羽化的选区，黑色区域不记录选区。

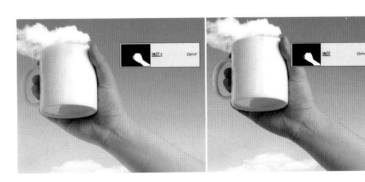

图3-85 选区2通道与选区1通道

3.5.4 专色通道

专色通道主要用于替代或补充印刷色油墨，在印刷时每种专色都要求专用的印板，一般在印刷金色、银色时需要创建专色通道。

1．关于专色通道 》》》》

专色通道是一种特殊的颜色通道，它可以用来储存专色。专色是特殊的预混油墨，如果要印刷带有专色的图像，则需要创建储存这些颜色的专色通道。

2．创建和编辑专色通道 》》》》

打开【通道】面板，单击【通道】面板的下三角按钮，在打开的菜单中选择【新建专色通道】选项，如图3-86所示。

图3-86　新建专色通道

打开素材，选择"蓝"通道，按Ctrl+A快捷键执行全选命令，并执行【复制】命令。选择上面创建的专色通道，执行【粘贴】命令并调整大小，会发现图标会以专色的形式在茶杯上显示，如图3-87所示。

图3-87　复制通道到专色通道中

3. 合并专色通道 》》》》

专色通道中的信息与CMYK或者灰度通道中的信息是分离的，大多数打印机打印不出含有专色的图像，所以如果需要打印含有专色的图像，就必须将专色融入图像中。方法是单击【通道】面板的下三角按钮，在弹出菜单中选择"合并专色通道"选项，如图3-88所示。

图3-88　合并专色通道

3.5.5　分离和合并通道

当需要在不能保留通道的文件格式中保留单个通道信息时，在【通道】面板中单击右边的下三角按钮，选择"分离通道"选项分离通道后，源文件会关闭，单个通道会出现在单独的灰度图像窗口中，如图3-89所示。

图3-89 分离通道

　　将通道分离后，也可以将图像进行合并，合并通道可以将多个灰度图像合并为一个图像通道。方法是，单击【通道】面板右边的下三角按钮，选择"合并通道"选项，在打开的对话框中可以选择合并后的通道模式。调整单个通道的顺序，可以显示不同的图像效果，如图3-90所示。

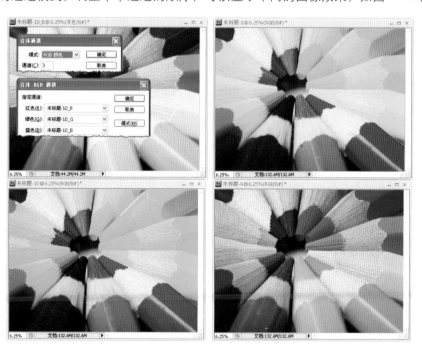

图3-90 合并通道

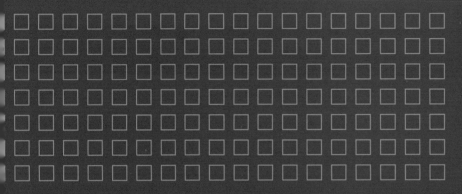

文字特效表现

在当今的广告领域中，文字已不单单起到解释说明的作用，它应用的领域越来越广泛，使用的频率也越来越高，客户的要求也不仅仅局限于对商品清晰明了的解释，而是表达更高的商品内涵。这种要求也恰恰促进了文字特效领域的发展。

本章主要介绍文字与图形的有机结合，以共同达到超乎寻常的视觉效果，并且通过对文字的分解再组合，详细讲解文字在广告或创意中的设计思路与方法。

4.1 涂鸦文字特效

　　本实例是一个涂鸦特效，如图4-1所示，涂鸦是从西方流入的一种文化，它是那些极其富有表达欲望的街头艺术家创作的。涂鸦所表达的主要内容是由创作者的情感所决定的，并没有商业价值，但它却有着很强的艺术价值。

　　在绘制本实例的过程中，主要使用滤镜对图像进行调整，然后主要使用混合模式绘制出涂鸦的效果。

图4-1　最终效果图

4.1.1　修饰墙体

STEP|01　新建一个像素为1024×768的文档，设置分辨率为200像素／英寸，颜色模式为RGB。

STEP|02　添加墙体背景，使用【钢笔工具】绘制路径，如图4-2所示。

STEP|03　使用【修补工具】选择合适的位置进行覆盖，如图4-3所示。

图4-3　修饰墙体

图4-2　添加背景

STEP|04 使用上述方法修饰墙体的其他部分，如图4-4所示。

图4-4　修饰其他部分

4.1.2　绘制涂鸦文字

STEP|01 输入文字，打开【字符】面板，设置参数，如图4-5所示。

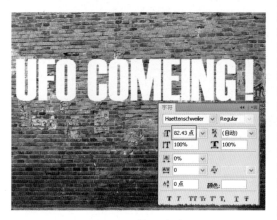

图4-5　输入文字

STEP|02 打开【字符】面板，设置字体颜色和形状，如图4-6所示。

图4-6　修饰字体

STEP|03 打开【图层样式】对话框，启用"渐变叠加"复选框，设置参数，如图4-7所示。

图4-7　绘制渐变效果

STEP|04 启用"描边"复选框，设置参数，如图4-8所示。

图4-8　绘制描边效果

STEP|05 复制文字图层并向下移一层，调整文字颜色为黑色，分别向下和向左移动一个像素，如图4-9所示。

图4-9　绘制立体效果

STEP|06　使用上述方法绘制多个文字图层，如图4-10所示。

图4-10　绘制立体效果

STEP|07　将所有文字图层进行合并，调整角度，如图4-11所示。

图4-11　调整文字角度

STEP|08　设置【混合模式】为"叠加"，如图4-12所示。

图4-12　修饰文字图层

STEP|09　添加素材，设置【混合模式】为"叠加"，如图4-13所示。

图4-13　修饰人物素材

STEP|10　添加楼房素材，设置【混合模式】为"叠加"，如图4-14所示。

图4-14　修饰楼房图层

4.1.3　绘制其他涂鸦特效

STEP|01　新建图层，使用【钢笔工具】绘制轮廓并转换为选区，填充黑色，如图4-15所示。

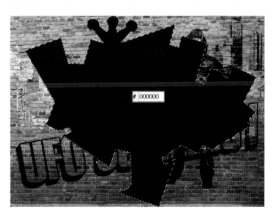

图4-15　绘制图形背景

STEP|02 新建图层，使用【钢笔工具】绘制轮廓并转换为选区，填充颜色，如图4—16所示。

图4—16 绘制图形亮部颜色

STEP|03 新建图层，修饰图形的细节，如图4—17所示。

图4—17 修饰图形

STEP|04 合并所绘制的图形，调整位置和大小，如图4—18所示。

图4—18 调整图形

STEP|05 执行【滤镜】|【模糊】|【高斯模糊】命令，设置参数，如图4—19所示。

图4—19 修饰图形

STEP|06 调整【混合模式】为"叠加"，如图4—20所示。

图4—20 调整混合模式

STEP|07 添加素材，调整位置和大小，如图4—21所示。

图4—21 添加喷漆素材

STEP|08 复制素材，调整位置和角度，设置【混合模式】为"叠加"，【不透明度】为 30%，如图4-22所示。

图4-22 修饰图像

4.2 闪电字

本实例为一个闪电发光字，如图 4-23 所示。闪电特效主要运用于电影海报当中，随着商业化的迅速发展，这些特效并不只是为电影服务，它所应用的范围越来越广泛，也越来越深入人们的生活。本案例所绘制的闪电字与背景结合在一起，共同营造了一种带有很强紧张气氛的自然环境。

在绘制过程中，主要使用【滤镜】命令绘制出闪电纹理效果，并利用【通道】面板仔细修饰了图像的细节部分。

图4-23 最终效果图

4.2.1 绘制闪电纹理

STEP|01 新建一个像素为1600×1200的文档，设置分辨率为300像素/英寸，颜色模式为RGB。

STEP|02 新建"背景"图层，填充黑色。打开【字符】面板，设置参数，输入文字，如图 4-24所示。

图4-24　输入文字

STEP|03　单击文字缩览框生成选区，选中"背景"图层并填充白色，如图4-25所示。

图4-25　填充白色

STEP|04　隐藏"文字"图层，选中"背景"图层，执行【滤镜】|【模糊】|【高斯模糊】命令，如图4-26所示。

图4-26　执行【高斯模糊】命令

STEP|05　复制"背景"图层，执行【滤镜】|【像素化】|【晶格化】命令，如图4-27所示。

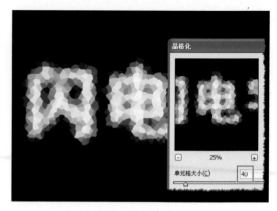

图4-27　执行【晶格化】命令

STEP|06　执行【滤镜】|【风格化】|【照亮边缘】命令，设置参数，如图4-28所示。

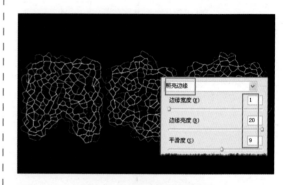

图4-28　绘制闪电纹理

STEP|07　打开【通道】面板，单击"蓝"缩览框生成选区，如图4-29所示。

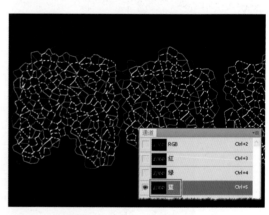

图4-29　绘制闪电纹理选区

STEP|08　新建"闪电"图层，填充白色，打开【图层样式】对话框设置参数，如图4-30所示。

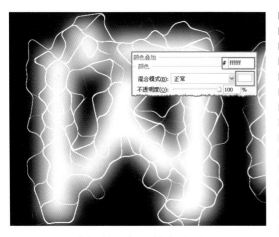

图4-30 抠取闪电纹理

4.2.2 修饰文字特效

STEP|01 启用"外发光"复选框，设置参数，如图4-31所示。

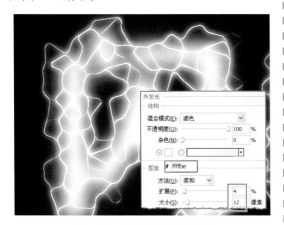

图4-31 绘制外发光效果

STEP|02 复制"背景"图层并移至最上层，执行【滤镜】|【像素化】|【晶格化】命令，如图4-32所示。

图4-32 执行【晶格化】命令

STEP|03 执行【滤镜】|【风格化】|【照亮边缘】命令，设置参数，如图4-33所示。

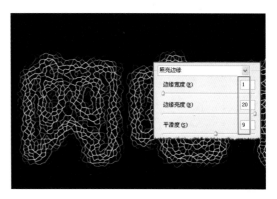

图4-33 绘制闪电纹理

STEP|04 设置【混合模式】为"滤色"，如图4-34所示。

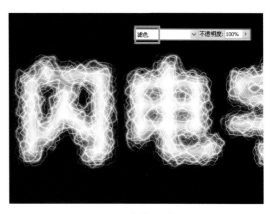

图4-34 修饰闪电纹理

STEP|05 打开【色相/饱和度】对话框，设置参数，如图4-35所示。

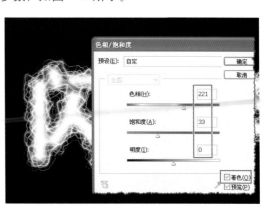

图4-35 修饰闪电字

STEP|06 在图层最上方新建图层并填充黑色，

设置【混合模式】为"柔光"，如图4-36所示。

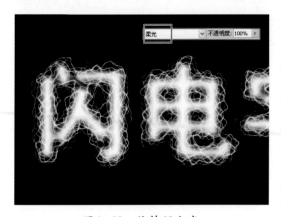

图4-36　修饰闪电字

4.2.3　修饰背景

STEP|01　添加素材，调整位置和大小，设置【混合模式】为"滤色"，如图4-37所示。

图4-37　添加大海素材

STEP|02　选择【渐变工具】，单击【径向渐变】按钮，设置参数，如图4-38所示。

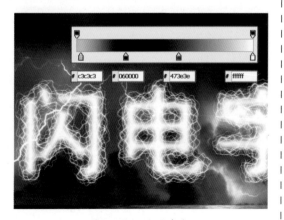

图4-38　设置参数

STEP|03　选择"大海"图层，添加图层蒙版，使用【径向渐变】绘制渐变效果，如图4-39所示。

图4-39　修饰大海图层

STEP|04　添加"天空"图层，调整位置和大小，设置【混合模式】为"滤色"，如图4-40所示。

图4-40　添加天空素材

4.3 蓝天文字特效

本实例以蓝天为主要纹理素材，巧妙结合文字与位图联系，再添加上太阳的光照效果，营造出一种忽隐忽现的仙境，如图4-41所示。而这种仙境也恰恰表达了设计师的设计内涵和思想情感，使文字在图像的表达内涵上有了新的设计领域。

在制作本案例时，主要使用【图层样式】对话框中的功能来实现文字的基本特效，然后使用【混合模式】中的选项糅合文字与"蓝天"素材之间的联系，加上使用【滤镜】绘制的光线效果，使得整个图像呈现出一种令人幻想的画面。

图4-41 最终效果图

4.3.1 绘制文字特效

STEP|01 新建一个像素为1600×1200的文档，设置分辨率为300像素/英寸，颜色模式为RGB。

STEP|02 新建"背景"图层，设置前景色，使用【画笔工具】✐进行涂抹，如图4-42所示。

图4-42 绘制背景

STEP|03 打开【字符】面板设置参数，输入文字，如图4-43所示。

图4-43 输入文字

STEP|04 右击"文字"图层，在弹出菜单中选择"栅格化文字"选项，使用【自由变换】命

令调整文字的角度，如图4-44所示。

图4-44 栅格化文字

STEP|05 打开【图层样式】对话框，启用"投影"复选框，设置参数，如图4-45所示。

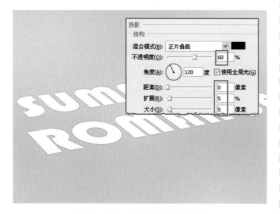

图4-45 添加投影效果

STEP|06 启用"内阴影"复选框，设置参数，如图4-46所示。

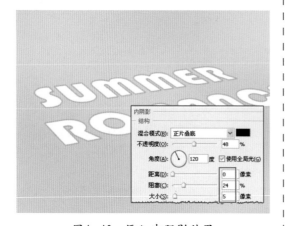

图4-46 添加内阴影效果

STEP|07 启用"斜面和浮雕"和"等高线"复选框，并设置参数，如图4-47所示。

图4-47 绘制浮雕效果

STEP|08 启用"渐变叠加"复选框，设置参数，如图4-48所示。

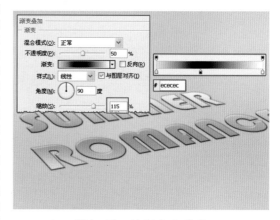

图4-48 绘制渐变效果

STEP|09 启用"内发光"复选框，设置参数，如图4-49所示。

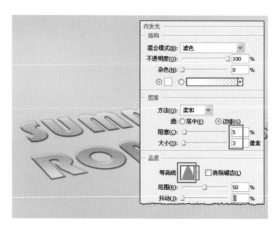

图4-49 绘制内发光效果

STEP|10 启用〝描边〞复选框，设置参数，如图4-50所示。

图4-50 添加描边效果

4.3.2 绘制整体效果

STEP|01 添加〝云层〞素材，调整位置和大小，打开【色阶】对话框，设置参数，如图4-51所示。

图4-51 添加素材

STEP|02 单击【添加图层蒙版】按钮 ，使用【画笔工具】 进行修饰，设置【混合模式】为〝叠加〞，如图4-52所示。

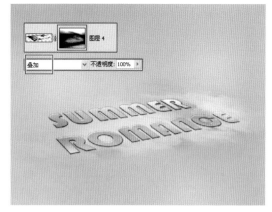

图4-52 修饰云彩

STEP|03 使用相同的方法继续添加云层素材，如图4-53所示。

图4-53 添加其他云层素材

STEP|04 使用【钢笔工具】 绘制路径，如图4-54所示。

图4-54 绘制路径

STEP|05 打开【画笔】面板，设置参数，如图
4-55所示。

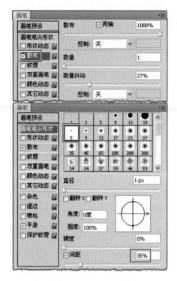

图4-55　设置画笔参数

STEP|06 新建图层，设置前景色为白色，单击
【用画笔描边路径】按钮 ⃝，如图4-56
所示。

图4-56　绘制白色彩带

4.3.3　绘制光线特效

STEP|01 新建图层，使用【矩形选框工具】 ⃞
绘制选区并填充白色，如图4-57所示。

图4-57　绘制白色矩形

STEP|02 执行【滤镜】|【渲染】|【纤维】命
令，如图4-58所示。

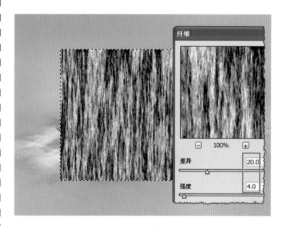

图4-58　绘制纤维效果

STEP|03 取消选区，执行【滤镜】|【模糊】|
【动感模糊】命令，如图4-59所示。

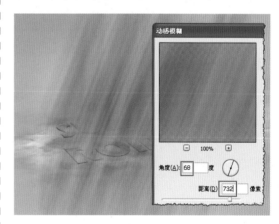

图4-59　绘制光线效果

STEP|04 打开【色阶】对话框，设置参数，如图4-60所示。

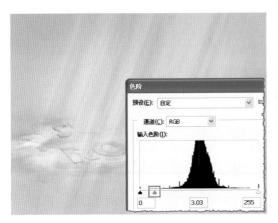

图4-60 执行【色阶】命令

STEP|05 执行【滤镜】|【模糊】|【高斯模糊】命令，设置参数，如图4-61所示。

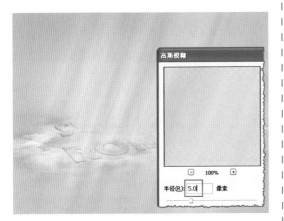

图4-61 模糊图像

STEP|06 添加图层蒙版进行修改，如图4-62所示。

图4-62 修饰光线

STEP|07 使用上述方法绘制其他光线，并设置【混合模式】为"滤色"，如图4-63所示。

图4-63 绘制光线效果

4.4 青草特效文字

本实例是绘制一个具有青草纹理特效的图像，如图 4-64 所示，结合动植物的特性，营造出一个清新典雅的自然环境。几个英文字母之间的构成关系也达到了视觉上的平衡，并结合营造出的自然环境共同达到整体画面的视觉效果。

在绘制过程中，主要使用【钢笔工具】绘制英文字母在青草纹理上的轮廓，并使用【滤镜】中的【动感模糊】命令修饰字母的光线走向，结合【混合模式】中的选项来修饰整体画面的光照效果。

图4-64　最终效果图

4.4.1　绘制背景特效

STEP|01　新建一个像素为1600×1200的文档，设置分辨率为300像素/英寸，颜色模式为RGB。

STEP|02　新建"渐变背景"图层，使用【渐变工具】　绘制一个渐变背景，如图4-65所示。

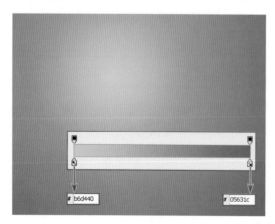

图4-65　绘制背景颜色

STEP|03　设置前景色为白色，背景色为黑色，然后执行【滤镜】|【渲染】|【云彩】命令，如图4-66所示。

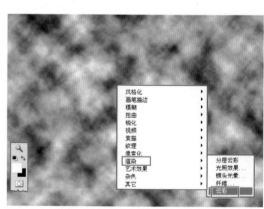

图4-66　执行【云彩】命令

STEP|04　设置【混合模式】为"柔光"，【不透明度】为10%，如图4-67所示。

STEP|05　添加纹理素材，打开【色相/饱和度】对话框，设置参数，如图4-68所示。

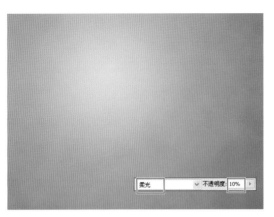

图4-67　修饰背景图案

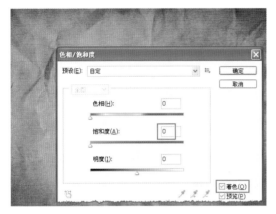

图4-68　添加纹理素材

STEP|06 设置素材图层的【混合模式】为"柔光"，【不透明度】为70%，如图4-69所示。

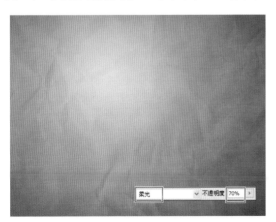

图4-69　修饰素材图层

4.4.2　绘制字体纹理特效

STEP|01 输入"A"文字，在【字符】面板中设置参数，如图4-70所示。

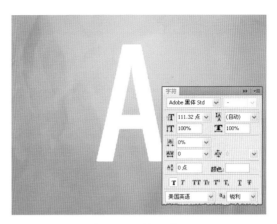

图4-70　输入字母

STEP|02 打开"草"素材，调整位置和大小，如图4-71所示。

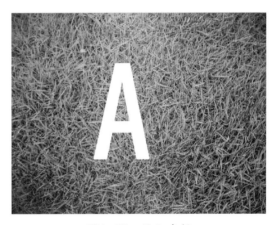

图4-71　添加素材

STEP|03 使用【钢笔工具】绘制路径，如图4-72所示。

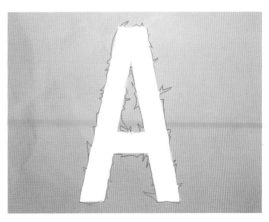

图4-72　绘制路径

注意

在使用【钢笔工具】 ✎ 绘制路径时，要根据草的走向绘制路径。

STEP|04 按Ctrl+Enter快捷键，将路径转换为选区，执行【选择】|【修改】|【羽化】命令，设置参数，按Ctrl+J快捷键复制草纹理并命名为"A"图层，如图4-73所示。

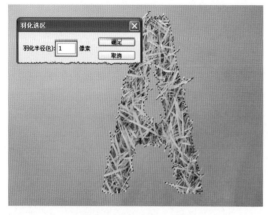

图4-73　提取草纹理

STEP|05 打开"A"图层的【图层样式】对话框，启用【斜面和浮雕】复选框，并设置参数，如图4-74所示。

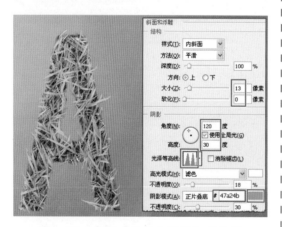

图4-74　启用【斜面和浮雕】复选框

STEP|06 启用【光泽】复选框，设置参数，如图4-75所示。

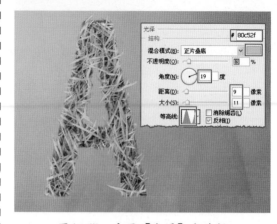

图4-75　启用【光泽】复选框

4.4.3　绘制光线效果

STEP|01 复制该图层并命名为"A1"图层，然后打开【图层样式】对话框，启用【颜色叠加】复选框，并设置参数，如图4-76所示。

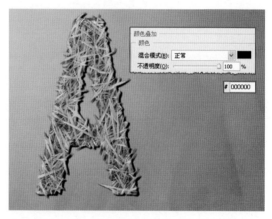

图4-76　启用【颜色叠加】复选框

STEP|02 复制"A1"图层命名为"A2"图层，执行【滤镜】|【模糊】|【动感模糊】命令，设置参数，如图4-77所示。

STEP|03 设置"A2"图层的不透明度为50%，如图4-78所示。

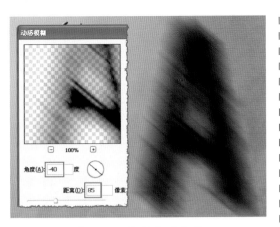

图4-77 绘制光线文字

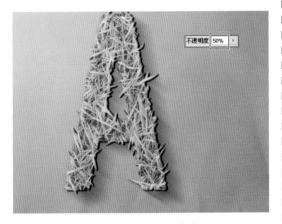

图4-78 调整A2图层光线

STEP|04 选择"A2"图层，单击【添加图层蒙版】按钮 ，使用【画笔工具】 进行涂抹，如图4-79所示。

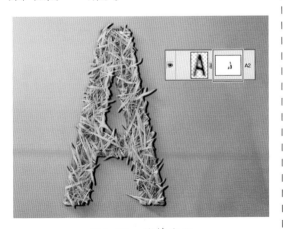

图4-79 修饰光线

STEP|05 复制"A2"图层，复制两层，命名为"A3"、"A4"图层，如图4-80所示。

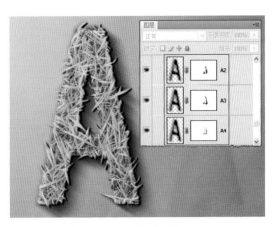

图4-80 复制"A2"图层

4.4.4 绘制字母"R"特效

STEP|01 输入"R"文字，在【字符】面板中设置参数，如图4-81所示。

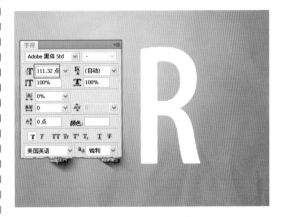

图4-81 输入文字

STEP|02 绘制"R"路径并转换为选区，按Ctrl+J快捷键复制草纹理，然后打开该图层的【图层样式】对话框，设置参数，如图4-82所示。

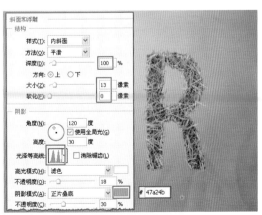

图4-82 绘制"R"纹理

STEP|03 启用"光泽"复选框，设置参数，如图4-83所示。

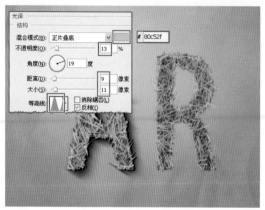

图4-83 启用"光泽"复选框

STEP|04 复制"R"图层并命名为"R1"，分别向右和向下移动2个像素，如图4-84所示。

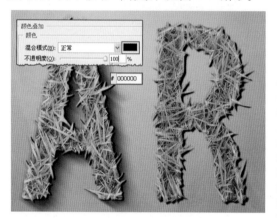

图4-84 绘制"R"阴影

STEP|05 复制"R1"图层命名为"R3"，执行【滤镜】|【模糊】|【动感模糊】命令，设置参数，如图4-85所示。

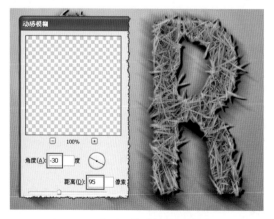

图4-85 执行【动感模糊】命令

STEP|06 选中"R3"图层，设置【不透明度】为45%，然后单击【添加图层蒙版】按钮并使用【画笔工具】进行涂抹，如图4-86所示。

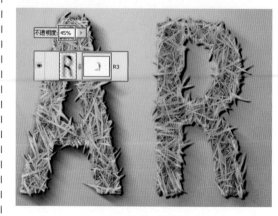

图4-86 修饰"R3"图层

STEP|07 复制两层"R3"图层，使用【画笔工具】进行修改，如图4-87所示。

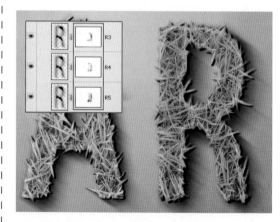

图4-87 修饰图像光线投影

STEP|08 使用上述方法继续绘制"T"图像，如图4-88所示。

图4-88 绘制"T"图像

4.4.5 修饰特效图像

STEP|01 输入文字，设置字体大小和其他参数，如图4-89所示。

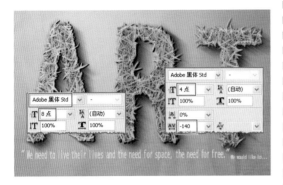

图4-89 添加文字

STEP|02 添加蝴蝶素材，并打开【图层样式】对话框，启用"投影"复选框，设置参数，如图4-90所示。

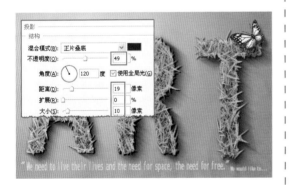

图4-90 启用"投影"复选框

STEP|03 添加七星瓢虫素材，打开【图层样式】对话框，启用"投影"复选框，设置参数，如图4-91所示。

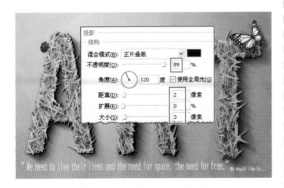

图4-91 添加七星瓢虫

STEP|04 新建"图层2"图层，并填充黑色，

设置【不透明度】为75%，然后单击【添加图层蒙版】按钮，并使用【画笔工具】进行涂抹，如图4-92所示。

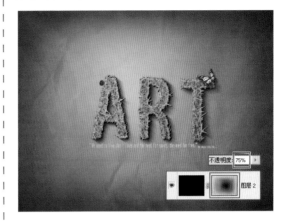

图4-92 修饰整体效果

STEP|05 新建"高光"图层，使用【椭圆选框工具】绘制选区，设置【羽化半径】为50像素，并填充白色，如图4-93所示。

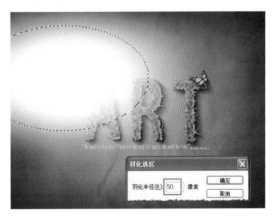

图4-93 绘制高光

STEP|06 设置【混合模式】为"叠加"，【不透明度】为30%，如图4-94所示。

图4-94 修饰图像高光

4.5　金属文字特效

　　本案例是一个关于战争的电影宣传海报，如图 4-95 所示。使用钢铁的材质来作为海报设计的主题元素，利用金属纹理本身所具有的特性与战争所表达的内涵相结合，共同营造了一种紧张的心理感应。

　　在绘制过程中，主要使用【滤镜】命令绘制文字的基本纹理效果，并使用【添加图层蒙版】命令和【画笔工具】来共同修饰图像的细节部分，此实例主要使用【滤镜】中的各种命令来绘制文字的金属效果，以表达整个海报的设计内涵。

图4-95　最终效果图

4.5.1　绘制字体纹理

STEP|01　新建一个像素为1190×944的文档，设置分辨率为300像素／英寸，颜色模式为RGB。

STEP|02　打开【字符】面板，设置字体大小，输入文字，如图9-96所示。

STEP|03　右击"文字"图层，在弹出菜单中选择"栅格化文字"选项，并调整颜色，如图4-97所示。

图4-96　输入文字

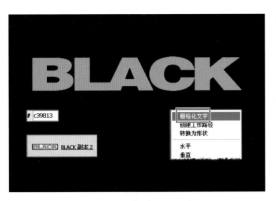

图4-97　栅格化文字

STEP|04 执行【滤镜】|【杂色】|【添加杂色】命令，设置参数，如图4-98所示。

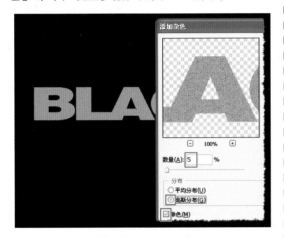

图4-98　添加杂色

STEP|05 打开【图层样式】对话框，设置参数，然后在"文字"图层上方新建图层，并同时选中"文字"图层和新图层进行合并，如图4-99所示。

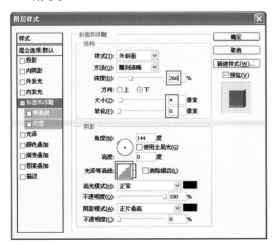

图4-99　绘制浮雕效果

STEP|06 使用【钢笔工具】绘制轮廓并转换为选区，设置【羽化半径】值为6，并填充白色，如图4-100所示。

图4-100　添加高光

STEP|07 设置【混合模式】为"叠加"，单击【添加图层蒙版】按钮，并使用【画笔工具】进行修改，如图4-101所示。

图4-101　修饰高光

STEP|08 复制一层高光，增大文字高光的明度，如图4-102所示。

图4-102　复制高光

STEP|09 新建图层，使用【线性渐变】 绘制透明渐变效果，如图4-103所示。

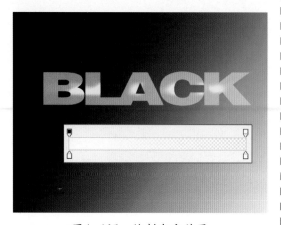

图4-103 绘制渐变效果

STEP|10 执行【滤镜】|【杂色】|【添加杂色】命令，如图4-104所示。

图4-104 添加杂色

STEP|11 执行【滤镜】|【模糊】|【动感模糊】命令，设置参数，如图4-105所示。

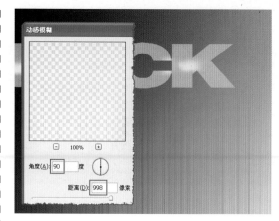

图4-105 执行【动感模糊】命令

STEP|12 按Ctrl+F快捷键4~5次，重复使用该命令，如图4-106所示。

图4-106 执行【动感模糊】命令，

STEP|13 设置【混合模式】为"柔光"，如图4-107所示。

图4-107 修饰文字纹理

STEP|14 新建图层并填充白色，执行【滤镜】|【渲染】|【纤维】命令，如图4-108所示。

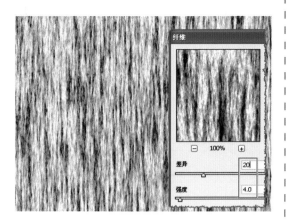

图4-108 绘制纤维效果

STEP|15 执行【滤镜】|【风格化】|【风】命令，设置参数，按Ctrl+F快捷键重复此命令2~3次，如图4-109所示。

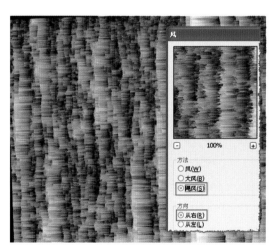

图4-109 添加风效果

STEP|16 打开【色相/饱和度】对话框，设置参数，如图4-110所示。

图4-110 调整纹理

STEP|17 打开【色阶】对话框，设置参数，如图4-111所示。

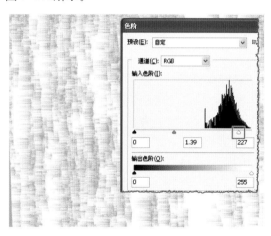

图4-111 修饰纹理

STEP|18 设置【混合模式】为"强光"，添加图层蒙版进行修改，如图4-112所示。

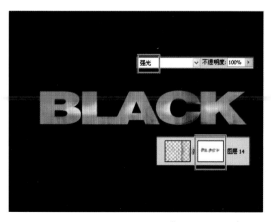

图4-112 添加文字纹理

STEP|19 隐藏背景图层，并新建一个图层，按Ctrl+Shift+E快捷键盖印图层，并显示背景图层，如图4-113所示。

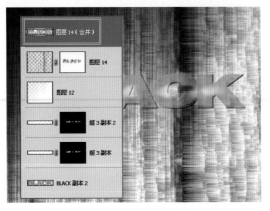

图4-113 盖印图层

STEP|20 单击文字图层的缩览框生成选区，按Ctrl+Shift+I快捷键反选选区，并删除多余部分，如图4-114所示。

图4-114 修饰文字

STEP|21 打开【色相/饱和度】对话框，设置参数，如图4-115所示。

图4-115 调整文字颜色

STEP|22 打开【色阶】对话框，设置参数，如图4-116所示。

图4-116 调整文字对比度

4.5.2 绘制弹孔效果

STEP|01 设置前景色为黑色，使用【画笔工具】进行涂抹，如图4-117所示。

图4-117 修饰文字

STEP|02 使用【钢笔工具】绘制路径并转换为选区，然后使用【画笔工具】进行涂抹，如图4-118所示。

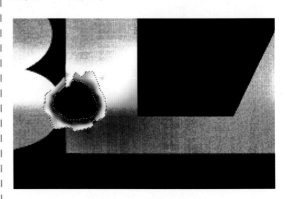

图4-118 添加弹孔

STEP|03 使用相同方法绘制另一层，如图4-119所示。

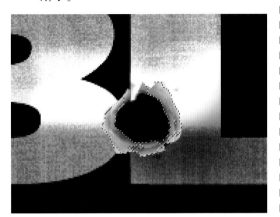

图4-119 修饰弹孔

STEP|04 设置【混合模式】为"线性加深"，如图4-120所示。

图4-120 修饰弹孔

STEP|05 使用上述方法修饰弹孔，如图4-121所示。

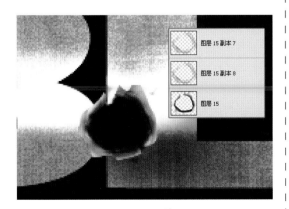

图4-121 修饰弹孔

4.5.3 绘制背景

STEP|01 添加背景素材，调整位置和大小，如图4-122所示。

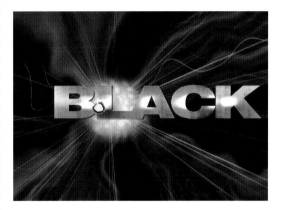

图4-122 添加背景素材

STEP|02 添加素材，调整位置和角度，如图4-123所示。

图4-123 添加枪素材

STEP|03 单击【添加图层蒙版】按钮 ，使用【画笔工具】 进行修改，如图4-124所示。

图4-124　修饰枪素材

STEP|04　使用【钢笔工具】 抠出枪的组件轮廓并转换为选区，按Ctrl+J快捷键复制选区内的图像，如图4-125所示。

图4-125　修饰枪图像

STEP|05　使用上述方法抠出枪的其他零件，并使用【自由变换】命令对零件进行旋转或扭曲，如图4-126所示。

图4-126　绘制枪的零件

STEP|06　使用上述方法绘制其他组件，如图4-127所示。

图4-127　绘制枪的组件

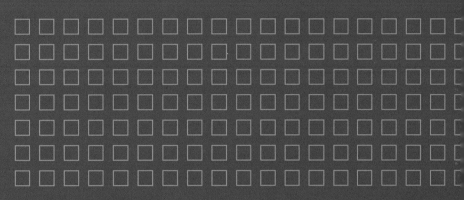

真实纹理效果表现

物体不仅包括色彩、轮廓、大小等基本属性，同时纹理也是非常重要的属性之一。正如科学家所说，它是早期宇宙残余的真空结构中的一些缺憾，比如冰中晶体结构的平衡失调会导致缺陷产生，宇宙中不对称结构的失重也会形成宇宙缺陷，纹理也是一种缺陷。

纹理从某种意义上说，它是代表物质独一无二的"证据"之一，每个物体的颜色、大小、轮廓可能会相同，但是纹理几乎是不可能相同的。所以在使用绘图软件绘制物体时，着重表现物体的纹理效果是非常重要的步骤之一。要绘制出逼真的物体效果，纹理效果的体现是必要的。

本章介绍的是几种常见的真实纹理效果，通过实例让用户了解绘制真实纹理效果的方法，掌握绘制真实纹理特效的技巧和原理。

5.1　金币

　　本实例绘制的是金币材质效果，如图 5-1 所示。绘制真实金币效果，首先要再现金币的金色材质，以图形图案轮廓为基础，绘制出金币的凹凸质感，最后在绘制立体效果图的过程中细致刻画金币在真实环境下的效果。

　　在绘制金币的过程中，使用【魔棒工具】提取素材图片中的图形轮廓，使用【图层样式】功能绘制图形图案的明暗层次关系，使用【滤镜】功能绘制出金币材质的纹理效果，最后使用图层混合模式以及调整图层不透明度绘制整体效果图。

图5-1　绘制金币流程图

5.1.1　绘制金币材质

STEP|01　新建一个1600×1200像素的文档，分辨率为200像素，设置文档名称为"金币"。

STEP|02　选择【椭圆选框工具】，绘制出正圆轮廓并填充颜色，如图5-2所示。

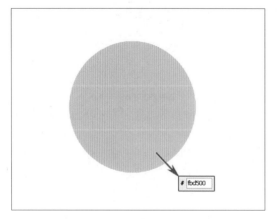

图5-2　填充颜色

STEP|03　添加"斜面和浮雕"图层样式，设置参数如图5-3所示。

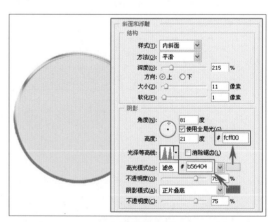

图5-3　添加图层样式

> **技巧**
>
> 使用图层样式功能绘制立体效果，有利于通过调整设置的参数，调整效果的强弱。

STEP|04 添加"等高线"图层样式，设置参数如图5-4所示。

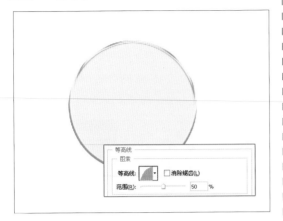

图5-4　添加图层样式

STEP|05 复制该图层，添加"颜色叠加"图层样式，如图5-5所示。

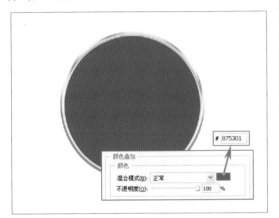

图5-5　添加图层样式

STEP|06 复制该图层，调整图层大小以及位置，如图5-6所示。

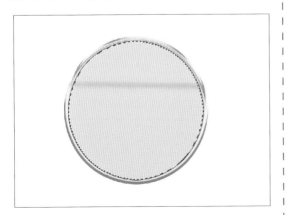

图5-6　调整图层大小

STEP|07 复制该图层，调整图层大小以及位置，添加"渐变叠加"图层样式，如图5-7所示。

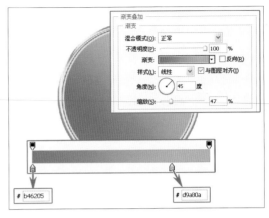

图5-7　添加图层样式

STEP|08 设置前景色为黄色，新建图层并填充颜色，如图5-8所示。

图5-8　填充颜色

STEP|09 复制该图层，执行【滤镜】|【素描】|【便条纸】命令，设置参数如图5-9所示。

图5-9　便条纸滤镜

STEP|10 设置图层混合模式为"线性加深"，调整图层不透明度为50%，如图5-10所示。

图5-10 设置图层混合模式

STEP|11 向下合并图层5，使用【椭圆选框工具】 ◯绘制出正圆轮廓，按Ctrl+Alt+E快捷键反选选区，删除选区内的图像，如图5-11所示。

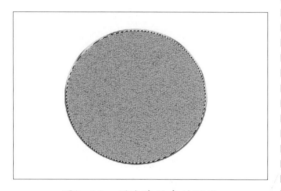

图5-11 删除选区内的图像

STEP|12 设置图层混合模式为"叠加"，调整图像不透明度为50%，如图5-12所示。

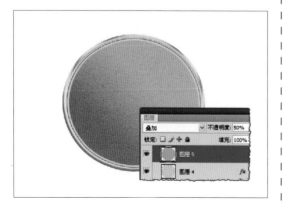

图5-12 设置图层混合模式

STEP|13 复制该图层，恢复图层原始状态，执行【滤镜】|【渲染】|【光照效果】命令，调整光照效果如图5-13所示。

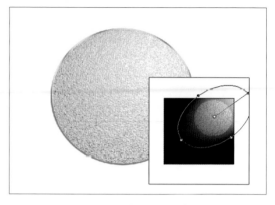

图5-13 光照效果滤镜

STEP|14 添加图层蒙版进行修饰，设置图层混合模式为"点光"，调整图层不透明度为50%，如图5-14所示。

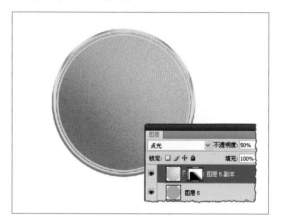

图5-14 添加图层蒙版修饰

STEP|15 添加"铁"素材，调整图像大小以及位置，如图5-15所示。

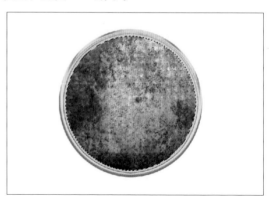

图5-15 导入素材图片

STEP|16　设置图层混合模式为"叠加"，调整图层不透明度为50%，如图5-16所示。

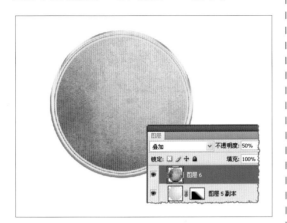

图5-16　设置图层混合模式

5.1.2　绘制金币文字

STEP|01　选择【钢笔工具】　，绘制出圆形路径，调整路径大小以及位置，如图5-17所示。

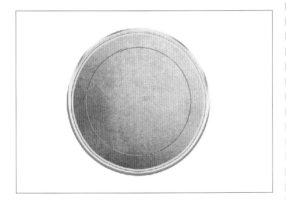

图5-17　绘制路径

技巧

绘制以上路径，可以选择使用【椭圆选框工具】　绘制圆形轮廓，然后将选区转换为路径，得出以上路径。

STEP|02　选择【横排文字工具】　，沿路径输入文字，调整文字分布角度，如图5-18所示。

图5-18　绘制环绕文字

STEP|03　填充文字颜色为#F19F00，添加"斜面和浮雕"图层样式，如图5-19所示。

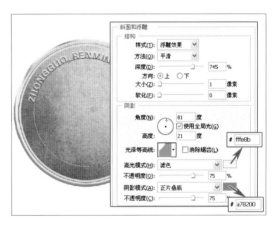

图5-19　添加图层样式

STEP|04　依据用样方法，绘制出其他装饰文字效果，如图5-20所示。

图5-20　绘制其他装饰文字

STEP|05　选择【椭圆选框工具】　，绘制出正圆轮廓并填充颜色，调整图像大小，复制图层成圆形轮廓，然后合并复制的图层，如图5-21所示。

图5-21　绘制圆形轮廓

STEP|06　添加"斜面和浮雕"图层样式，设置参数如图5-22所示。

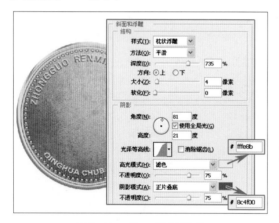

图5-22　添加图层样式

STEP|07　导入"梅花"素材，选择【魔棒工具】✎选择梅花轮廓，如图5-23所示。

图5-23　选取梅花轮廓

STEP|08　选择"文字"图层，复制图层样式，选择"梅花"图层，粘贴图层样式，效果如图5-24所示。

图5-24　复制图层样式

5.1.3　绘制效果图

STEP|01　按Ctrl+Alt+E快捷键，盖印可见图层，按Ctrl+T键，执行自由变换图像，导入背景素材，调整盖印图层位置，效果如图5-25所示。

图5-25　执行自由变换图像

STEP|02　复制该图层，调整复制图层位置，增加金币的厚度感，如图5-26所示。

图5-26　复制图层

在绘制金币厚度的过程中，必须以物体的透视关系为依据进行绘制。

STEP|03 选择【钢笔工具】，绘制金币亮部轮廓，按Ctrl+Enter快捷键载入路径选区，羽化选区3像素，使用【渐变工具】填充一个由白色至透明的线性渐变填充，如图5-27所示。

图5-27　绘制亮部轮廓

STEP|04 设置图层混合模式为"叠加"，调整图层不透明度为30%，如图5-28所示。

图5-28　设置图层混合模式

STEP|05 选择【矩形选框工具】，绘制出长方形轮廓并填充颜色，复制图层，调整图层分布位置，如图5-29所示。

图5-29　复制图层

STEP|06 添加"斜面和浮雕"图层样式，设置参数如图5-30所示。

图5-30　添加图层样式

STEP|07 执行自由变换图像，使边缘纹理符合透视关系，选择【钢笔工具】，绘制出边缘纹理轮廓，删除多余图像，如图5-31所示。

图5-31　绘制金币边缘轮廓

STEP|08 设置图层混合模式为"正片叠底"，如图5-32所示。

图5-32 设置图层混合模式

图5-33 绘制金币投影

STEP|09 选择【钢笔工具】 ，绘制出金币投影轮廓，载入路径选区，羽化选区5像素并填充黑色，设置图层不透明度为85%，如图5-33所示。

STEP|10 依据以上方法，绘制出其他金币效果，如图5-34所示。

STEP|11 调整整体色调以及明暗关系，完成金币效果绘制。

图5-34 绘制其他金币效果

5.2 木质纹理

本实例绘制的是木质纹理的相框效果，如图5-35所示。木质相框主要体现的是木制纹理的效果，除了在相框的四周运用了大量的木制纹理效果外，还添加了将动物图像与木制纹理相结合的效果。

在绘制木制相框的过程中，以图像素材为基础，使用【滤镜】效果绘制出木制纹理材质，使用【钢笔工具】 绘制出图像轮廓，使用图层蒙版、图层混合模式、图层样式功能完善木制图像的明暗关系。

图5-35 绘制相框流程图

5.2.1 绘制木制纹理

STEP|01 新建一个1600×1200像素的文档，分辨率为200像素，设置文档名称为"相框"。

STEP|02 设置前景色色值为#C99B7C，背景色色值为#642F04，执行【滤镜】|【渲染】|【云彩】命令，如图5-36所示。

图5-36 云彩滤镜

STEP|03 执行【滤镜】|【杂色】|【添加杂色】命令，设置参数如图5-37所示。

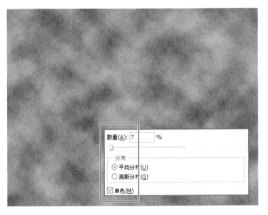

图5-37 添加杂色滤镜

STEP|04 执行【滤镜】|【艺术效果】|【画笔涂抹】命令，设置参数如图5-38所示。

图5-38 画笔涂抹滤镜

STEP|05 复制该图层，执行【图像】|【图像旋转】|【90度（顺时针）】命令，再执行【滤镜】|【渲染】|【纤维】命令，设置参数如图5-39所示，调整图像角度。

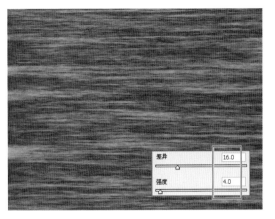

图5-39 纤维滤镜

STEP|06 设置图层不透明度为50%，将复制图层与原图层合并，如图5-40所示。

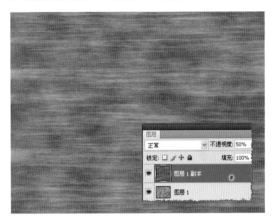

图5-40 合并图层

STEP|07 执行【滤镜】|【扭曲】|【波浪】命令，设置参数如图5-41所示。

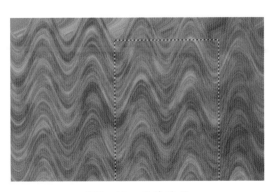

图5-41 波浪滤镜

STEP|08 选择【矩形选框工具】，选取矩形选区，按Ctrl+J快捷键复制选区图像，如图5-42所示。

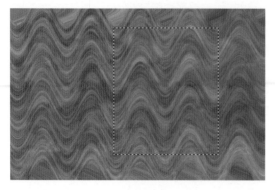

图5-42 复制选区图像

STEP|09 调整图像大小以及角度，执行【滤镜】|【扭曲】|【切片】命令，设置参数如图5-43所示。

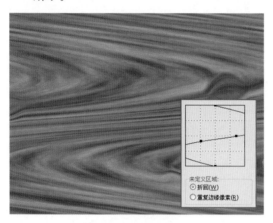

图5-43 切片滤镜

STEP|10 按Ctrl+L快捷键，调整图像颜色信息，在弹出的"色相/饱和度"对话框中设置参数，如图5-44所示。

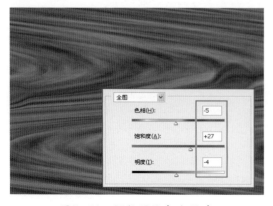

图5-44 调整图像颜色信息

5.2.2 绘制相框边缘

STEP|01 选择【矩形选框工具】，绘制出矩形选区，按Ctrl+J快捷键复制选区内图像，调整图像大小以及位置，使用【减淡工具】降低纹理明度，如图5-45所示。

图5-45 复制选区图像

STEP|02 添加"投影"图层样式，设置参数如图5-46所示。

图5-46 添加图层样式

STEP|03 添加"斜面和浮雕"图层样式，设置参数如图5-47所示，调整图层位置。

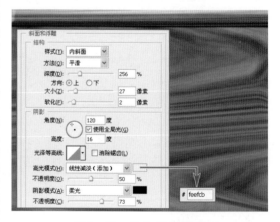

图5-47 添加图层样式

STEP|04 复制图层，调整图像角度，修改"投影"图层样式参数，如图5-48所示。

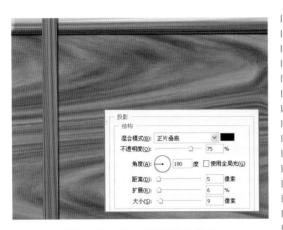

图5—48 修改图层样式参数

STEP|05 修改"斜面和浮雕"图层样式参数，如图5-49所示。

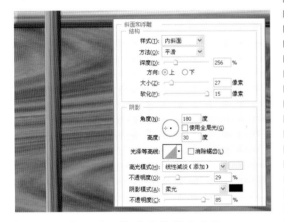

图5—49 修改图层样式参数

STEP|06 将复制图层与空白图层合并，选择【钢笔工具】 ，绘制出左侧相框轮廓，删除多余区域，如图5-50所示。

图5—50 绘制左侧相框轮廓

提示

选择合并图层后删除多余区域，是为了防止图层样式运用不需要的区域。

STEP|07 依据以上方法绘制其他相框轮廓，效果如图5-51所示。

图5—51 绘制其他相框轮廓

STEP|08 选择【椭圆选框工具】 ，绘制出圆形轮廓，选择"木纹"图层，执行【滤镜】|【扭曲】|【球面化】命令，设置参数如图5-52所示。

图5—52 球面化滤镜

STEP|09 按Ctrl+J快捷键复制选区内图像，按Ctrl+U快捷键，在弹出的"色相/饱和度"对话框中调整图像饱和度，如图5-53所示。

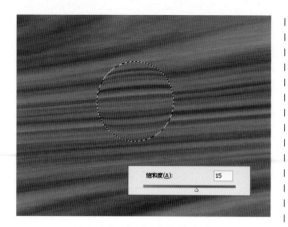

图5-53 调整图像饱和度

STEP|10 调整图像大小，添加"投影"图层样式，设置参数如图5-54所示。

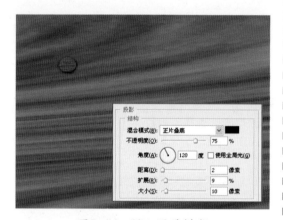

图5-54 添加图层样式

STEP|11 添加"斜面和浮雕"图层样式，设置参数如图5-55所示。

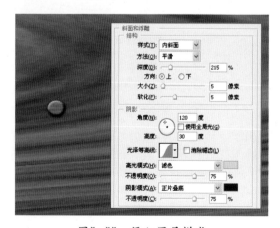

图5-55 添加图层样式

STEP|12 依据以上方法，绘制其他相框按钮效果，调整图像位置，如图5-56所示。

图5-56 绘制其他按钮

STEP|13 选择"木纹"图层，使用【矩形选框工具】绘制出矩形选区，复制选区图像，调整图像角度，添加"投影"图层样式，如图5-57所示。

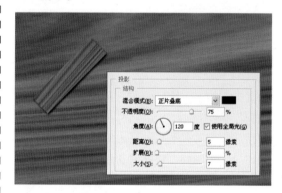

图5-57 添加图层样式

STEP|14 依据以上方法，绘制其他支架效果，调整图层位置，如图5-58所示。

图5-58 绘制其他支架

5.2.3 绘制木制狗

STEP|01 选择"木纹"图层,使用【矩形选框工具】 绘制出矩形选区,复制选区内图像,如图5-59所示。

图5-59 复制选区内图像

STEP|02 执行自由变换图像,使其轮廓适合狗耳部轮廓,如图5-60所示。

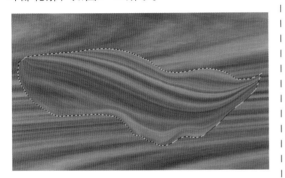

图5-60 执行自由变换图像

STEP|03 调整图像角度,添加"投影"图层样式,设置参数如图5-61所示。

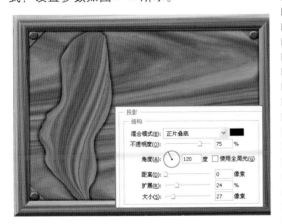

图5-61 添加图层样式

STEP|04 添加"斜面和浮雕"图层样式,设置参数如图5-62所示。

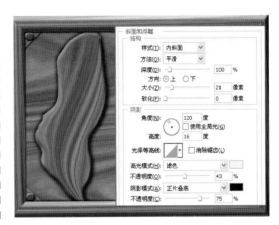

图5-62 添加图层样式

STEP|05 依据同样方法,绘制出木质狗其他部位效果,如图5-63所示。

图5-63 绘制木制狗其他部位

> **提示**
>
> 绘制木质狗的其他部位,是依据脸部轮廓以及肌肉结构进行组合的。

STEP|06 复制"狗耳朵"图层,设置图层混合模式为"叠加",如图5-64所示。

STEP|07 添加图层蒙版,使用【画笔工具】 修饰,设置画笔参数如图5-65所示。

> **提示**
>
> 在使用图层蒙修饰木质狗肤色的过程中,必须依据整体明暗关系的走向进行绘制。

层】面板中粘贴图层，如图5-67所示。

图5-64　设置图层混合模式

图5-67　调整图像明度与对比度

STEP|02　调整图像大小及位置，设置图层混合模式为"正片叠底"，如图5-68所示。

图5-65　添加图层蒙版修饰

STEP|08　依据同样方法，绘制出木制狗其他部位肤色效果，如图5-66所示。

图5-68　设置图层混合模式

STEP|03　添加图层蒙版进行修饰，使用【画笔工具】进行修饰，效果如图5-69所示。

图5-66　绘制木制狗其他部位肤色

5.2.4　调整整体效果

STEP|01　导入图片素材，在【通道】面板中选择"红"通道，复制"通道"图层，在【图

图5-69　添加图层蒙版修饰

STEP|04 复制图层，设置图层混合模式为"叠加"模式，添加图层蒙版进行修饰，如图5-70所示。

STEP|05 导入背景素材，调整图像大小以及位置，完成最终效果，如图5-71所示。

图5-70 添加图层蒙版修饰

图5-71 导入背景图片

5.3 旧金属材质——井盖

在使用Photoshop绘制图形图像纹理效果的过程中，旧金属材质效果的运用是最常用的特效之一。它可以精确地表现出旧金属材质的质感和层次感，通过与现实中图形图像的结合运用，可以绘制出逼真的旧金属效果。

本实例是结合旧金属材质特效绘制的井盖效果。如图5-72所示，井盖的旧金属纹理是通过在【通道】面板中建立各层材质的选区，使用图层样式叠加的效果绘制出旧金属的纹理，最后通过上色处理进行井盖色调的绘制。

在绘制井盖的过程中，主要采用【通道】面板、【图层样式】面板、【调整】面板和【滤镜】命令。首先在【通道】面板中建立纹理的选区，通过图层样式进行纹理效果的组合，最后通过图形图案的运用绘制出井盖的旧金属效果，使用混合样式功能绘制出井盖与地面之间的过渡区域。

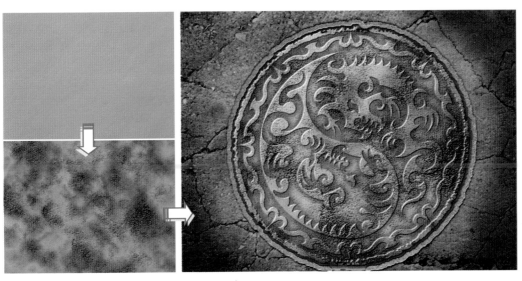

图5-72 旧金属材质特效

5.3.1 绘制旧金属材质

STEP|01 新建1600×1200像素，分辨率为300像素的文档，并设置名称为"旧金属材质——井盖"，执行【滤镜】|【渲染】|【分层云彩】命令，如图5-73所示。

图5-73 分层云彩滤镜

STEP|02 执行【滤镜】|【杂色】|【添加杂色】命令，设置参数如图5-74所示，绘制出背景图像的纹理效果。

图5-74 添加杂色滤镜

STEP|03 按Ctrl+L快捷键，在弹出【色阶】对话框中设置参数，调整图像的明度与对比度，如图5-75所示。

> **注意**
>
> 调整图像对比度，有利于纹案肌理效果的清晰，但并不是对比越强效果越好。

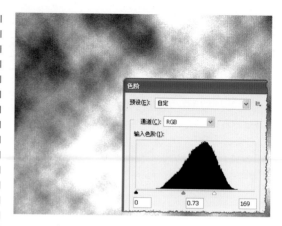

图5-75 调整图像明度与对比度

STEP|04 执行【滤镜】|【风格化】|【浮雕效果】命令，设置参数如图5-76所示，绘制出图像浮雕效果。

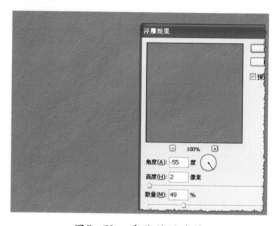

图5-76 浮雕效果滤镜

STEP|05 按Ctrl+U快捷键，在弹出的【色相/饱和度】对话框中设置参数，如图5-77所示，调整图像的颜色。

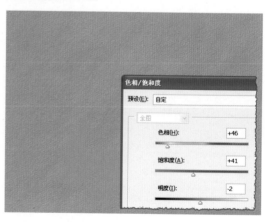

图5-77 调整图像颜色

STEP|06 在【通道】面板中选择Alpha1通道，执行【滤镜】|【渲染】|【分层云彩】命令，效果如图5-78所示。

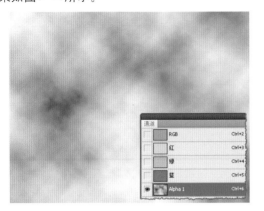

图5-78 分层云彩滤镜

STEP|07 执行【滤镜】|【杂色】|【添加杂色】命令，为通道图层添加杂色效果，在弹出的对话框中设置参数，如图5-79所示。

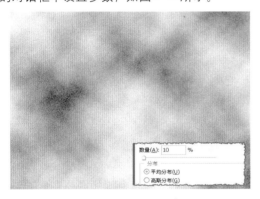

图5-79 添加杂色命令

STEP|08 为通道图层调整明度与对比度，按Ctrl+L快捷键，在弹出的【色阶】对话框中设置参数，如图5-80所示。

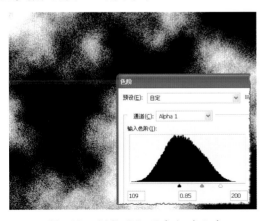

图5-80 调整图像明度与对比度

STEP|09 按住Ctrl键单击Apha1通道，载入通道选区，新建图层1并填充灰色，如图5-81所示。

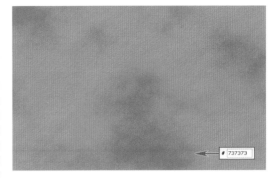

图5-81 新建图层

STEP|10 选择【钢笔工具】，绘制出灰色肌理中实色区并填充灰色，调整灰色布局使其构图均匀，如图5-82所示。

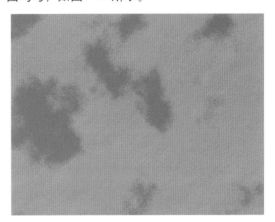

图5-82 调整灰色区域

> **提示**
>
> 由于滤镜功能绘制出的纹理效果并不会出现大块实色区域，所以需要绘制出实色区域并填充颜色。

STEP|11 按Ctrl+J快捷键复制图层1，执行【滤镜】|【模糊】|【高斯模糊】命令，设置模糊半径为5像素，调整图层位置，如图5-83所示。

STEP|12 在【调整】面板中，选择色相/饱和度调整图层，调整图像颜色以及明度，如图5-84所示。

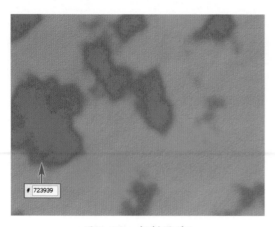

723939

图5-83　复制图层1

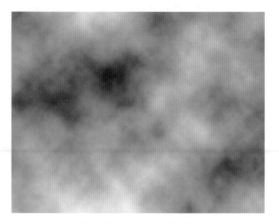

图5-86　分层云彩滤镜

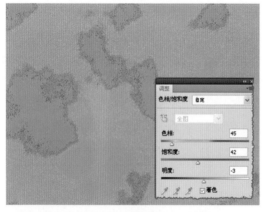

图5-84　调整图像颜色以及明度

STEP|13 选择图层1，按住Alt键在图层1与图层1副本之间单击，使调整图层只对图层1有效，如图5-85所示。

图5-85　设置调整图层属性

STEP|14 选择【通道】面板，新建Alpha2通道，执行【滤镜】|【渲染】|【分层云彩】命令，如图5-86所示。

STEP|15 按住Ctrl键单击Alpha2通道，载入通道选区，在【图层】面板中新建图层2，并填充黑色，设置图层混合模式为"叠加"，如图5-87所示。

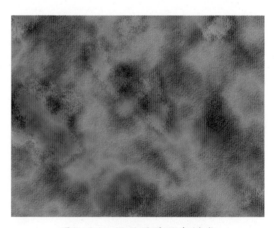

图5-87　设置图层混合模式

STEP|16 依据以上方法，绘制图层3纹理效果，设置图层3混合模式为叠加，如图5-88所示。

STEP|17 为图层3添加斜面和浮雕效果，如图5-89所示。

STEP|18 依据同样方法，完善图像肌理效果，如图5-90所示。

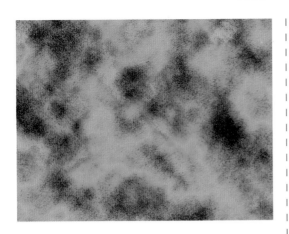

图5-88　绘制纹理效果

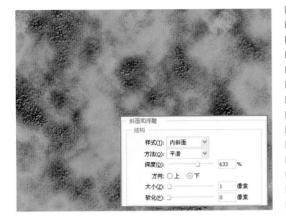

图5-89　添加斜面浮雕效果

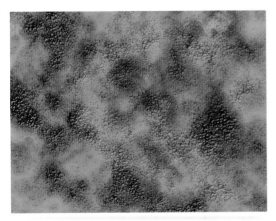

图5-90　完善图像肌理效果

提示

在完善图像肌理效果的过程中，由于旧金属材质的特性，必须要注意各部分之间的过渡变化，有些部分过渡比较柔和，有些部分过渡比较尖锐。

5.3.2　绘制井盖

STEP|01　合并所有可见图层，导入图案素材，选择【魔术棒工具】选取黑色区域，如图5-91所示。

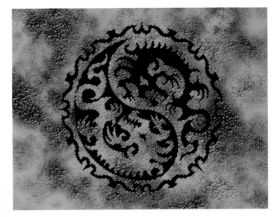

图5-91　选取素材图案选区

STEP|02　选择背景图层，按Ctrl+J快捷键复制选区内的背景图层，如图5-92所示。

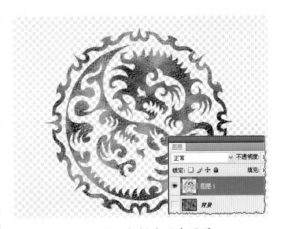

图5-92　复制选区内图层

STEP|03　为图层添加"外发光"图层样式，设置参数如图5-93所示。

STEP|04　为图层添加"斜面和浮雕"图层样式并勾选"等高线"选项，设置参数如图5-94所示。

STEP|05　为图层添加"渐变叠加"图层样式，设置参数如图5-95所示。

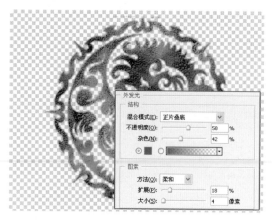

图5-93　添加图层样式

图5-96　绘制井盖轮廓

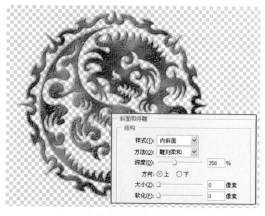

图5-94　添加图层样式

图5-97　导入素材图片

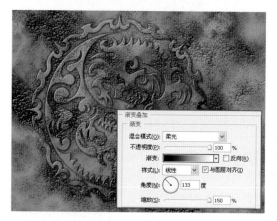

图5-95　添加图层样式

STEP|06　依据同样方法，绘制出井盖图案外围环圈效果，合并可见图层，删除井盖外围区域，如图5-96所示。

STEP|07　导入"水泥地"素材，调整图层大小以及位置，如图5-97所示。

STEP|08　新建图层，执行【滤镜】|【杂色】|【添加杂色】命令，设置图层不透明度为10%，如图5-98所示。

图5-98　绘制水泥地面

STEP|09　复制图层4（合并）图层，调整图层位置，填充该图层为黑色，添加"内发光"图层样式，如图5-99所示。

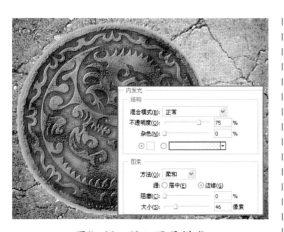

图5-99 添加图层样式

STEP|10 复制"底色图层",清除图层样式效果,执行【滤镜】|【杂色】|【添加杂色】命令,设置图层混合模式为"叠加",如图5-100所示。

图5-100 添加杂色滤镜

STEP|11 依据以上方法绘制出井盖与水泥地之间的过渡区域并填充黑色,如图5-101所示。

图5-101 绘制过渡区域

STEP|12 复制图层,执行【滤镜】|【杂色】|【添加杂色】命令,设置参数如图5-102所示。

图5-102 添加杂色滤镜

STEP|13 设置复制图层与原图层不透明度为50%并合并图层,如图5-103所示。

图5-103 合并图层

STEP|14 复制该图层两次并填充黑色,调整图层位置,使过渡区域具有立体效果,如图5-104所示。

图5-104 复制图层

STEP|15 添加"色相/饱和度"调整图层，设置参数，如图5-105所示。

图5-105 绘制过渡区域立体效果

STEP|16 选择"图层4合并"图层，为该图层添加"亮度/对比度"调整图层，调整图像的亮度与对比度，如图5-106所示。

STEP|17 调整各图层图像的位置以及明暗关系，完成特效绘制，如图5-107所示。

图5-106 调整图层亮度与对比度

图5-107 调整明暗关系

5.4 牛仔材质

本实例绘制的是牛仔材质的梨效果，如图5-108所示。绘制牛仔材质的梨，首先需要绘制出牛仔材质的肌理效果，通过图层叠加效果，将牛仔材质运用于梨的外形轮廓，从而形成牛仔材质的梨。

在绘制牛仔材质梨的过程中，使用【滤镜】效果、图层样式功能进行牛仔材质肌理效果的绘制；使用自由变换、图层蒙版功能进行牛仔材质的梨轮廓绘制；使用【钢笔工具】、【横排文字工具】进行装饰元素的绘制。

图5-108 绘制牛仔材质效果流程图

5.4.1 绘制牛仔肌理效果

STEP|01 新建一个1600×1200像素的文档，分辨率为200像素，新建图层，填充图层颜色，如图5-109所示。

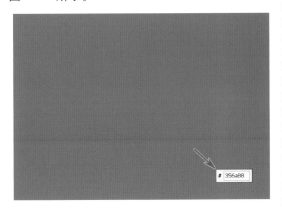

图5-109 填充图层颜色

STEP|02 执行【滤镜】|【杂色】|【添加杂色】命令，设置参数如图5-110所示。

图5-110 添加杂色滤镜

STEP|03 执行【滤镜】|【纹理】|【纹理化】命令，设置参数如图5-111所示。

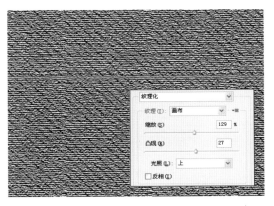

图5-111 纹理化滤镜

提示

由于滤镜功能强大，可以使用滤镜功能绘制出其他牛仔纹理效果。

5.4.2 绘制牛仔材质梨

STEP|01 导入图片素材，调整图像大小以及位置，如图5-112所示。

图5-112 导入素材图片

STEP|02 选择"牛仔纹理"图层，调整图像大小以及位置，按Ctrl+U快捷键，在弹出的"色相/饱和度"对话框中调整图像颜色信息，如图5-113所示。

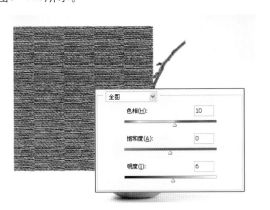

图5-113 调整图像颜色信息

STEP|03 按Ctrl+L快键键，在弹出的"色阶"对话框中调整图像的明度与对比度，如图5-114所示。

STEP|04 按Ctrl+T快捷键执行自由变换图像，使牛仔纹理依据梨的轮廓呈现透视效果，调整图像位置，如图5-115所示。

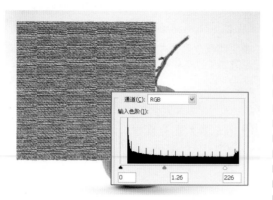

图5-114　调整图像明度与对比度

图5-117　添加图层蒙版修饰

STEP|07　选择素材图层，使用【钢笔工具】
依据梨轮廓绘制选区，载入路径选区，按
Ctrl+J快捷键复制选区内图像，如图5-118所
示。

图5-115　自由变换图像

STEP|05　选择【钢笔工具】，依据梨轮廓绘
制路径，按Ctrl+Enter快捷键载入路径选区，删
除多余图像，如图5-116所示。

图5-118　复制选区内图像

STEP|08　执行【图像】|【调整】|【去色】
命令，添加图层蒙版进行修饰，如图5-119
所示。

图5-116　绘制梨轮廓

STEP|06　添加图层蒙版，使用【画笔工具】
进行修饰，使纹理轮廓适合梨表面结构，如图
5-117所示。

图5-119　添加图层蒙版修饰

STEP|09　设置图层混合模式为"强光"，调整
图层不透明度为90%，如图5-120所示。

图5-120 设置图层混合模式

STEP|10 选择"图层3"图层，使用【钢笔工具】✎绘制出梨上部轮廓，载入路径选区，复制选区内图像，如图5-121所示。

图5-121 复制选区图像

STEP|11 执行【图像】|【调整】|【色阶】命令，调整图像明度与对比度，设置参数如图5-122所示。

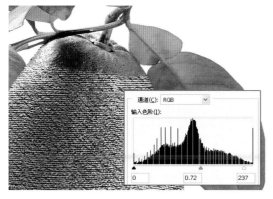

图5-122 调整图像明度与对比度

STEP|12 执行【图像】|【调整】|【色相/饱和度】命令，启用"着色"复选框，设置参数如图5-123所示。

图5-123 调整图像颜色

STEP|13 设置图层混合模式为"明度"，添加图层蒙版修饰，如图5-124所示。

图5-124 设置图层混合模式

STEP|14 选择"牛仔材质"图层，使用【钢笔工具】✎绘制上部区域，载入路径选区，设置选区羽化值为5像素，复制选区内图像，如图5-125所示。

图5-125 复制选区图像

STEP|15 设置图层混合模式为"变暗"，添加图层蒙版修饰，调整图层不透明度为80%，如图5-126所示。

图5-126　设置图层混合模式

5.4.3　绘制装饰效果

STEP|01　导入"牛仔边缘"素材，调整图像大小以及位置，执行自由变换图像，使其轮廓适合梨轮廓，如图5-127所示。

图5-127　调整图像大小

STEP|02　添加图层蒙版，使用【画笔工具】进行修饰，如图5-128所示。

图5-128　添加图层蒙版修饰

STEP|03　选择【钢笔工具】，绘制出牛仔标签底色轮廓，载入路径选区，设置选区羽化值为3像素，填充颜色如图5-129所示。

图5-129　绘制牛仔标签

STEP|04　添加"投影"图层样式，设置参数如图5-130所示。

图5-130　添加图层样式

STEP|05　添加"斜面和浮雕"图层样式，设置参数如图5-131所示。

图5-131　添加图层样式

STEP|06 选择【钢笔工具】 ，绘制出牛仔标签亮部轮廓并填充黑色，如图5-132所示。

图5-132 绘制牛仔标签亮部轮廓

STEP|07 执行【滤镜】|【渲染】|【分层云彩】命令，如图5-133所示。

图5-133 分层云彩滤镜

STEP|08 设置图层混合模式为"亮光"，调整图层不透明度为50%，效果如图5-134所示。

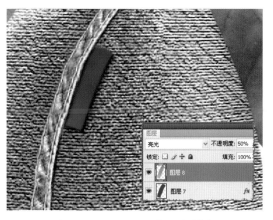

图5-134 设置图层混合模式

STEP|09 选择【横排文字工具】 ，输入装饰文字，调整文字方向及透视关系，如图5-135所示。

图5-135 输入装饰文字

STEP|10 添加"斜面和浮雕"图层样式，使得文字呈现立体效果，设置参数如图5-136所示。

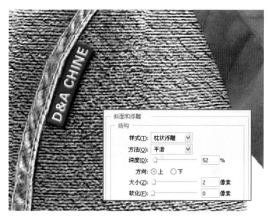

图5-136 添加图层样式

STEP|11 复制"图层3"图层，调整图层位置并填充黑色，如图5-137所示。

图5-137 复制图层

提示

由于所复制的原图层添加了图层样式、图层混合模式、修改了图层不透明度，所以复制图层后需将图层恢复到原始状态。

STEP|12 添加图层蒙版，使用【渐变工具】 进行修饰，如图5-138所示。

图5-138 添加图层蒙版修饰

STEP|13 设置图层混合模式为"正片叠底"，调整图层不透明度为50%，如图5-139所示。

图5-139 设置图层混合模式

STEP|14 依据同样方法，绘制出牛仔边缘暗部效果，如图5-140所示。

图5-140 绘制牛仔边缘暗部效果

STEP|15 选择素材图层，复制该图层，调整图层位置，添加图层蒙版进行修饰，如图5-141所示。

图5-141 添加图层蒙版修饰

STEP|16 完善整体明暗关系，调节图层明度与对比度，完成牛仔材质效果绘制。

三维风格特效表现

随着社会的发展，用户对软件的要求也越来越高，本章主要介绍photoshop CS4新增的3D功能，它可以简单地绘制或修改三维图像，并结合Photoshop本身所具有的修饰图像功能，使得软件更全面化。

本章主要通过具体实例对3D功能进行讲解，并结合位图与3D图层互相补充，使图像更加丰富多彩。

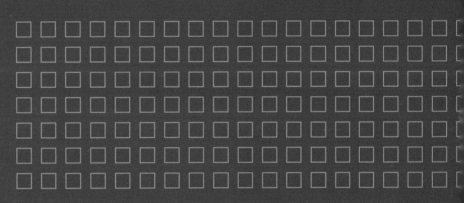

6.1 鹌鹑蛋视觉特效

　　本实例为一个超市的创意广告，如图6-1所示。在当今飞速发展的商业时代，广告是商业发展的助推剂，因此也刺激了广告业的发展。创意不但是广告的灵魂，也是商品赖以生存的手段。本案例在构成上简单明了，却有着深刻的意义，"以客户为上帝，以质量求生存"成为商家生存的宣传口号。

　　在绘制过程中，主要是使用3D功能绘制主体的鹌鹑蛋，并添加素材修饰图像的整体效果。

图6-1　最终效果图

6.1.1　绘制纹理

STEP|01　新建一个文档，设置大小为1600×1200像素，分辨率为300像素/英寸，颜色模式为RGB。

STEP|02　新建图层，使用【线性渐变】■绘制一个渐变背景，如图6-2所示。

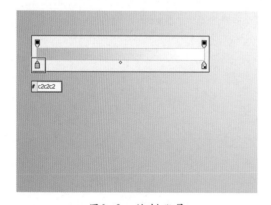

图6-2　绘制背景

STEP|03　新建图层，执行【滤镜】|【渲染】|【云彩】命令，如图6-3所示。

STEP|04　打开【色阶】对话框，设置参数，然后将绘制的纹理保存一个"JPG"的文件并命名为"纹理1"，如图6-4所示。

图6-3　绘制云彩效果

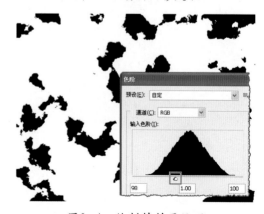

图6-4　绘制鹌鹑蛋纹理

STEP|05 新建图层，执行【滤镜】|【渲染】|【云彩】命令，如图6-5所示。

图6-5　绘制云彩效果

STEP|06 执行【滤镜】|【杂色】|【添加杂色】命令，设置参数，如图6-6所示。

图6-6　添加杂色

STEP|07 执行【滤镜】|【纹理】|【龟裂缝】命令，设置参数，如图6-7所示。

图6-7　绘制鹌鹑蛋纹理

6.1.2　绘制鹌鹑蛋

STEP|01 隐藏纹理图层，新建图层，执行【3D】|【从图层新建形状】|【球体】命令，如图6-8所示。

图6-8　绘制球体

STEP|02 打开【3D{材料}】面板，选择"漫射"选项，载入纹理，如图6-9所示。

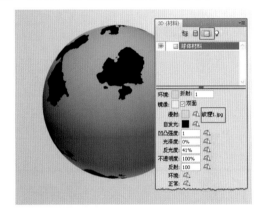

图6-9　载入纹理

STEP|03 打开【3D{光源}】面板，选择"无限光1"选项，调整"颜色"选项，如图6-10所示。

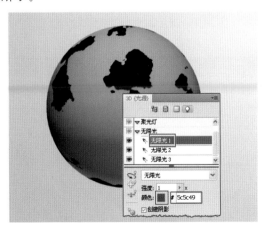

图6-10　调整中间色

STEP|04 打开【3D{光源}】面板，选择"无限光2"选项，调整"强度"和"颜色"选项，如图6-11所示。

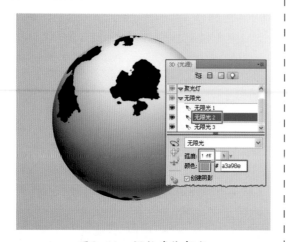

图6-11 调整球体颜色

STEP|05 打开【3D{光源}】面板，选择"无限光3"选项，调整"颜色"选项，如图6-12所示。

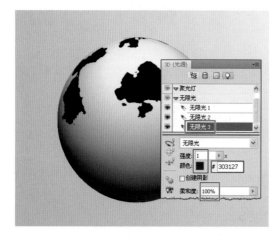

图6-12 调整球体暗部颜色

注意

设置【3D{场景}】面板中的"消除锯齿"为"最佳"可以消除锯齿。

STEP|06 打开【3D{场景}】面板，设置"消除锯齿"为"最佳"选项，如图6-13所示。

STEP|07 右击3D图层，在弹出的菜单中选择"栅格化3D"选项，如图6-14所示。

图6-13 修饰球体

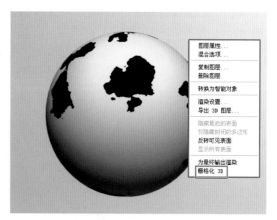

图6-14 栅格化3D图层

STEP|08 执行【滤镜】|【液化】命令，在弹出的对话框中设置参数，如图6-15所示。

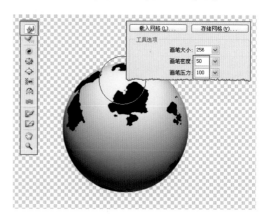

图6-15 执行【液化】命令

STEP|09 使用【液化】中的工具对球体进行变形，如图6-16所示。

图6-16 绘制鹌鹑蛋

STEP|10 新建图层，使用【椭圆选框工具】 绘制椭圆，并设置【羽化半径】值为40，如图6-17所示。

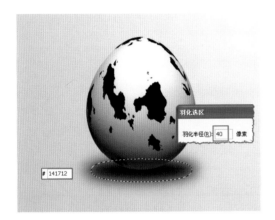

图6-17 绘制投影

STEP|11 单击【添加图层蒙版】按钮 ，使用【画笔工具】 进行修改，如图6-18所示。

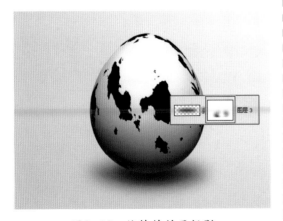

图6-18 修饰鹌鹑蛋投影

STEP|12 使用上述方法绘制投影的最暗部，并填充黑色，如图6-19所示。

图6-19 修饰投影

STEP|13 显示鹌鹑蛋"纹理"，调整位置和大小，如图6-20所示。

图6-20 调整纹理

STEP|14 调整【混合模式】为"正片叠底"，如图6-21所示。

图6-21 修饰纹理

STEP|15 单击【添加图层蒙版】按钮 [icon]，使用【画笔工具】[icon]进行修改，如图6-22所示。

图6-22 修饰纹理

6.1.3 添加帽子

STEP|01 添加帽子素材，调整位置和大小，如图6-23所示。

图6-23 添加帽子

STEP|02 使用【多边形套索工具】[icon]抠出帽子的毛边部分，如图6-24所示。

图6-24 修饰帽子

STEP|03 添加图层蒙版进行修改，如图6-25所示。

图6-25 修饰帽子

STEP|04 使用【多边形套索工具】[icon]绘制选区，并设置【羽化半径】为26，填充颜色，如图6-26所示。

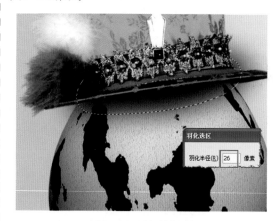

图6-26 绘制投影

STEP|05 添加图层蒙版修饰帽子投影，如图6-27所示。

图6-27 修饰投影

STEP|06 设置【混合模式】为"深色"，如图
6-28所示。

图6-28 修饰帽子投影

STEP|07 添加素材，调整位置和大小，如图
6-29所示。

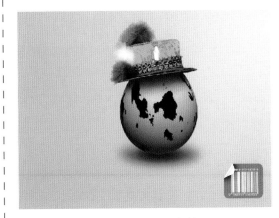

图6-29 添加素材

6.2 3D绚丽星空视觉特效

本实例利用 Photoshop CS4 新增的 3D 功能,后期处理制作出夜晚星空创意合成效果,如图 6-30
所示。在制作本实例时主要用到特有的 3D 工具,不断地修改 3D 球体的角度和材质的大小、位置,
并设置灯光, 使其呈现出最好的角度和效果。

在制作过程中, 借助了平面素材,通过 Photoshop 其他工具使其很好地融合在一起。在整个实
例中, 多处用到混合模式、图层蒙版、滤镜等效果, 打造一个绚丽的地球星空效果。

图6-30 流程图

6.2.1 制作3D球体

STEP|01 新建1600×1200像素的空白文档,并且新建"图层1"。执行【3D】|【从图层新建形
状】|【球体】命令, 创建球体图层, 如图6-31所示。

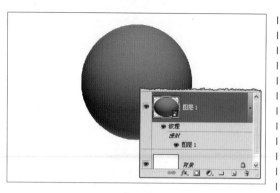

图6-31　建立球体3D图层

STEP|02　双击3D图层的缩览图，打开【3D{场景}】面板。切换到【3D{材料}】面板，在【漫射】里载入"地球"纹理，如图6-32所示。

图6-32　载入漫射纹理

STEP|03　选择【3D旋转工具】，将球向左上角旋转，使用【3D滚动视图工具】水平向左转动球体的角度，如图6-33所示。

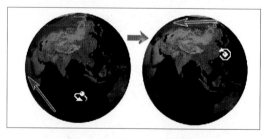

图6-33　旋转和滚动球体

STEP|04　分别在【自发光】、【光泽度】、【反光度】、【反射】里载入相对应的纹理。并把光泽度设置为80%，反光度设置为30%，如图6-34所示。

STEP|05　切换到【3D{光源}】面板，选择"无限光源1"，强度为2，颜色为白色。选择"无限光源2"强度为1，颜色为#8E8EF1。选择"无限光源3"，强度为1，颜色为#250BC7，如图6-35所示。

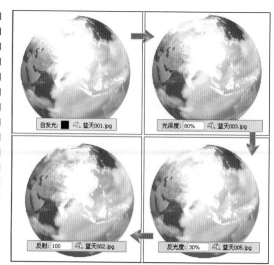

图6-34　载入其他纹理

图6-35　设置灯光

STEP|06　在【图层】面板中，双击光泽度的纹理，不断地拉伸和变换角度，调整其色阶，使其在球体上呈现一个好的角度和状态。最后保存，球体的纹理自然改变，如图6-36所示。

图6-36　修改纹理和转换角度

提示

在制作当中可不断地拉伸和改变云彩的形状，使其呈现最好的角度和位置。

STEP|07　使用【3D环绕工具】再次转换角度。返回【图层】面板，右击3D图层，选择

【转换为智能对象】命令，将其转换为智能图层，如6-37所示。

图6-37 转换为智能图形

提示

在最后完成对3D球体的编辑时，可在"消除锯齿"后面选择"最佳"。

STEP|08 复制球体图层，右击，选择【栅格化3D】命令。然后选择【加深工具】，调节笔刷的硬度，加深暗部，如图6-38所示。

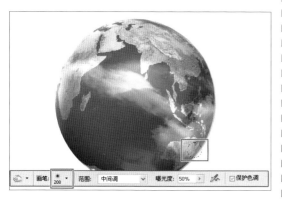

图6-38 加深暗部

STEP|09 导入星空素材，使用【钢笔工具】画出锯齿形状，转换为选区，然后执行【选择】|【反选】命令，按Del键删除选区内容，如图6-39所示。

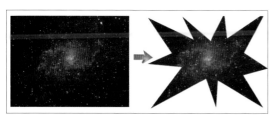

图6-39 锯齿形状星空

STEP|10 选择"星空"图层，执行【滤镜】|【扭曲】|【旋转扭曲】命令，角度设置为560度，如图6-40所示。

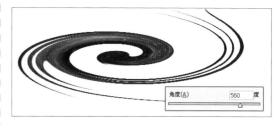

图6-40 扭曲设置

STEP|11 选择"星空"图层，设置【混合模式】为"叠加"。变换大小和角度，使其融洽地叠加在球体的上端，如图6-41所示。

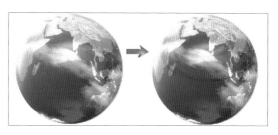

图6-41 叠加混合模式

STEP|12 复制"星空"图层，转换角度和大小，多出球体的部分使用【橡皮擦工具】擦除。设置【混合模式】为"叠加"，如图6-42所示。

图6-42 再次叠加

提示

在变换角度时，要注意纹理的方向，尽量保持一致。

STEP|13 单击【图层】面板下方的【创建新的填充或调整图层】按钮 ◑，选择"色阶"选项，调整色阶，如图6-43所示。

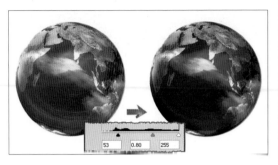

图6-43 调整色阶

STEP|14 复制球体图层，设置【混合模式】为"叠加"。单击【添加图层蒙版】按钮 ◐，为图层添加蒙版。笔刷颜色设置成黑色，涂抹球体亮部，如图6-44所示。

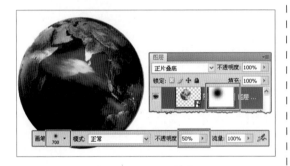

图6-44 添加蒙版

STEP|15 单击【创建新的填充或调整图层】按钮，选择"色相/饱和度"选项，调整参数。单击"曲线"图层样式进行调整，如图6-45所示。

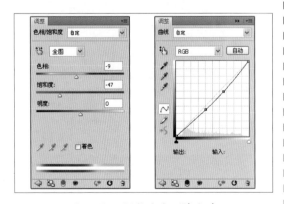

图6-45 调整色相/饱和度

STEP|16 新建一个白色图层。选中球体选区，

为图层添加图层蒙版。然后用笔刷涂抹球体暗部，复制两个图层，如图6-46所示。

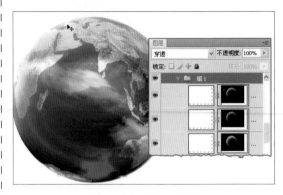

图6-46 添加高光

6.2.2 提取背景图像

STEP|01 打开"城堡"素材，切换到【通道】面板，选择"蓝"通道，并复制一个通道，效果如图6-47所示。

图6-47 抠取城堡

STEP|02 执行【图像】|【调整】|【色阶】命令，设定其参数，输入的色阶分别是13、0.36、246，如图6-48所示，使黑白两色能够很清楚地区分出来。

图6-48 调整色阶

STEP|03 选择【画笔工具】 ，颜色设置为黑色，涂抹"城堡"的部分。然后再调整色阶。最后再用黑色【画笔工具】 涂抹"城堡"灰色区域，如图6-49所示。

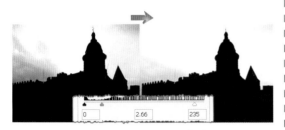

图6-49　画笔工具涂抹

STEP|04 将"蓝副本"通道载入选区，选择RGB通道，隐藏"蓝副本"，如图6-50所示。切换到【图层】面板，选择"城堡"图层，反选，按Ctrl+J快捷键复制。

图6-50　用通道扣选出城堡

6.2.3　合成图像

STEP|01 将抠选出来的"城堡"载入球体文档中，调整白色背景为黑色，以便更好地观察出效果。为"城堡"图层添加图层蒙版，擦去左下角的部分，如图6-51所示。

图6-51　增加背景

STEP|02 单击【创建新的填充或调整图层】按钮，选择"色阶"选项，进行参数的设置，数据分别是0、0.66、255，如图6-52所示。

图6-52　调整色阶

STEP|03 单击【创建新的填充或调整图层】按钮 ，选择"色相/饱和度"选项，进行参数的设置，如图6-53所示。

图6-53　调整色相/饱和度

STEP|04 新建一个白色图层，单击球体缩略图，羽化10个像素，反向选择，删除其余部分。单击【图层样式】按钮 fx. ，启用"外发光"选项，效果如图6-54所示。

STEP|05 单击"城堡"图层，为其添加"渐变叠加"图层样式，混合模式设置为"叠加"，样式为"径向"，如图6-55所示。

图6-54 外发光

图6-55 添加"外发光"样式

STEP|06 导入"星空"素材，放置黑色背景图层上。复制图层，调整其大小和位置，设置【混合模式】为"滤色"。使用【橡皮擦工具】⬚擦去四周，效果如图6-56所示。

图6-56 添加星空

STEP|07 新建黑色图层，默认前景色和背景色，执行【滤镜】|【渲染】|【云彩】命令，按Ctrl＋T快捷键重复效果。双击"云彩"图层，按住Alt键拖动左边第二个小黑三角滑块，如图6-57所示。

图6-57 渲染云彩

STEP|08 执行【滤镜】|【扭曲】|【旋转扭曲】命令并为图层添加"渐变叠加"图层样式。设置【混合模式】为"叠加"，命名为"彩色图层"，如图6-58所示。

图6-58 扭曲和改变混合模式

STEP|09 复制一个星空图层，放在"彩色图层"右上角，图层【混合模式】设置为"滤色"，调整图层的大小和位置，效果如图6-59所示。

图6-59 修改混合模式

STEP|10 单击【创建新的填充或调整图层】按钮⬚，选择"色阶"选项，然后为色阶添加图层蒙版⬚，抹去球体比较亮的部分。效果如图6-60所示。

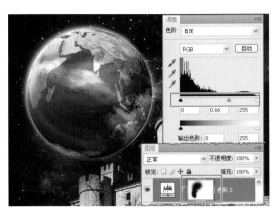

图6-60 调整整体色阶

STEP|11 复制"彩色图层",然后放置在图层的最顶端,改变大小和方向,启用"渐变叠加"图层样式,【混合模式】设置为"颜色减淡",如图6-61所示。

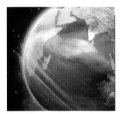 

图6-61 添加球体亮光

注意

在改变大小和方向的时候把纤维的方向顺着地球的方向。

STEP|12 组合所有球体图层,然后为其添加图层蒙版 ,擦去球体右边的暗部,最终效果如图6-62所示。

图6-62 最终效果

6.3 绚丽戒指视觉特效

本实例使用 Photoshop 中的 3D 功能绘制绚丽戒指,如图 6-63 所示。戒指作为设计的主题,时刻透露着时尚而又典雅的气息。

在绘制过程中,主要使用【3D{材料}】和【3D{光源}】面板中的选项对戒指进行绘制,然后添加材质并调整【3D{材料}】面板中的参数进行仔细的刻画,并使用【混合模式】中的选项对图像的背景进行调整。

图6-63 最终效果图

6.3.1　绘制戒指

STEP|01　新建1600×1200像素的空白文档，填充背景为黑色。新建"背景"图层，执行【3D】|【从图层新建形状】|【环形】命令，如图6-64所示。

图6-64　绘制戒指

STEP|02　使用【3D旋转工具】调整3D图像，打开【3D{材料}】面板，设置参数，如图6-65所示。

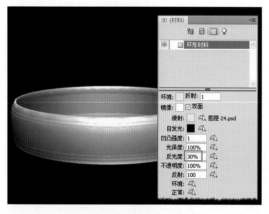

图6-65　调整3D图层

STEP|03　打开【3D{光源}】面板，选择"无限光1"选项，设置参数，如图6-66所示。

STEP|04　打开【3D{光源}】面板，选择"无限光3"选项，设置参数，如图6-67所示。

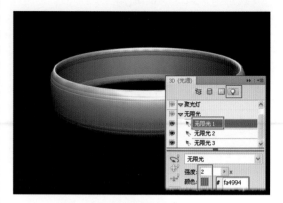

图6-66　调整戒指中间调颜色

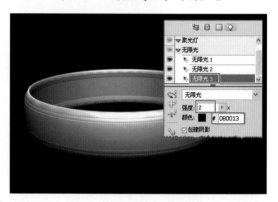

图6-67　修饰3D图层

STEP|05　打开【3D{材料}】面板，载入"漫射"选项纹理，如图6-68所示。

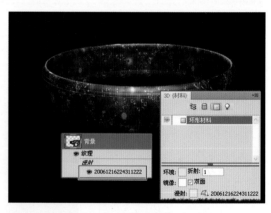

图6-68　载入"漫射"选项纹理

STEP|06　打开【3D{自发光}】面板，载入"自发光"选项纹理，如图6-69所示。

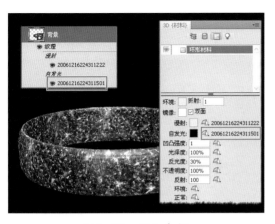

图6-69 载入素材

6.3.2 修饰戒指

STEP|01 复制"背景"3D图层命名为"背景副本4",并将其恢复原始状态,然后右击,在弹出的菜单中选择"栅格化3D"选项,如图6-70所示。

图6-70 栅格化3D图层

STEP|02 打开【图层样式】对话框,启用"渐变叠加"复选框,设置参数,如图6-71所示。

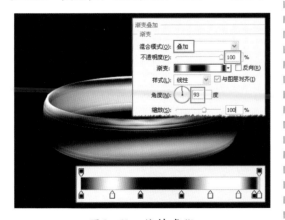

图6-71 修饰戒指

STEP|03 单击【添加图层蒙版】按钮,并使用【画笔工具】进行修改,如图6-72所示。

图6-72 修饰戒指图像

STEP|04 新建图层,使用【钢笔工具】绘制路径并转换为选区,然后使用【线性渐变】绘制渐变效果,如图6-73所示。

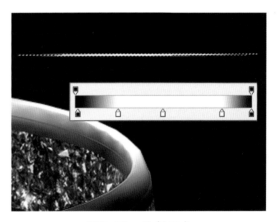

图6-73 绘制星光

STEP|05 使用上述方法绘制星光的其他部分,如图6-74所示。

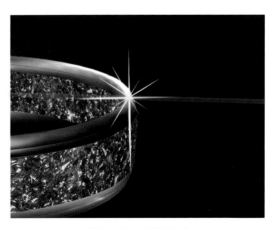

图6-74 绘制星光

STEP|06 然后合并所有星光图层，并复制几层，调整位置和大小，如图6-75所示。

图6-75 绘制其他星光

STEP|07 单击【创建新的填充或调整图层】按钮，选择"色相/饱和度"选项，调整参数，如图6-76所示。

图6-76 调整戒指颜色

STEP|08 复制"背景"3D图层，并栅格化3D，移至最上层，设置【混合模式】为"柔光"，如图6-77所示。

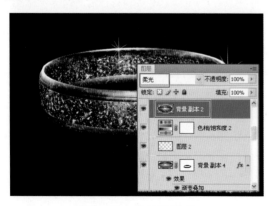

图6-77 复制3D图层

STEP|09 添加图层蒙版进行修改，如图6-78所示。

图6-78 修饰戒指图层

STEP|10 打开【图层样式】对话框，启用"投影"复选框，设置参数，如图6-79所示。

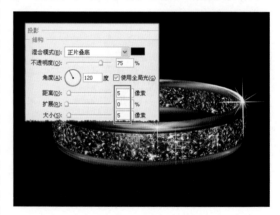

图6-79 绘制投影效果

STEP|11 启用"斜面和浮雕"复选框，设置参数，如图6-80所示。

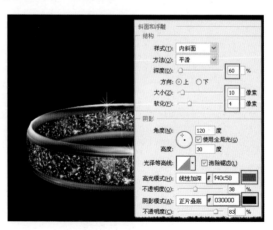

图6-80 绘制浮雕效果

STEP|12 新建图层，使用【线性渐变】 ■ 绘制一个渐变效果，如图6-81所示。

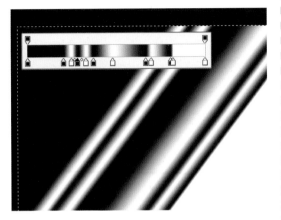

图6-81 绘制渐变效果

STEP|13 添加图层蒙版进行修改，如图6-82所示。

图6-82 修饰渐变图层

STEP|14 设置【混合模式】为"色相"，不透明度为50%，如图6-83所示。

图6-83 修饰戒指图像

STEP|15 新建图层，执行【滤镜】|【渲染】|【云彩】命令，并添加图层蒙版进行修改，如图6-84所示。

图6-84 绘制戒指纹理

STEP|16 设置【混合模式】为"叠加"，如图6-85所示。

图6-85 修饰戒指

6.3.3 添加背景素材

STEP|01 添加水素材，调整位置和大小，如图6-86所示。

图6-86 添加素材

STEP|02 设置【混合模式】为"叠加"，如图6-87所示。

图6-87 设置混合模式

STEP|03 添加图层蒙版进行修改，如图6-88所示。

图6-88 修饰水纹理

STEP|04 添加水背景素材，调整位置和大小，如图6-89所示。

图6-89 添加背景素材

STEP|05 设置【混合模式】为"强光"，不透明度为80%，如图6-90所示。

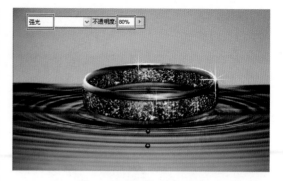

图6-90 修饰背景图像

STEP|06 添加图层蒙版进行修改，如图6-91所示。

图6-91 修饰背景

STEP|07 添加花素材，调整位置和大小，如图6-92所示。

图6-92 添加"花"素材

STEP|08 添加图层蒙版进行修改，如图6-93所示。

图6-93 修饰"花"素材

STEP|09 添加水素材，并调整位置和大小，如图6-94所示。

图6-94 添加素材

STEP|10 添加图层蒙版进行修改，如图6-95所示。

图6-95 修饰水素材

STEP|11 添加另一组水素材，调整位置和角度，如图6-96所示。

图6-96 添加"水"素材

STEP|12 设置【混合模式】为"柔光"，如图6-97所示。

图6-97 修饰"水"素材

STEP|13 添加图层蒙版进行修改，如图6-98所示。

图6-98 修饰"水"素材

STEP|14 使用上述方法添加其他"水"素材，如图6-99所示。

图6-99　添加其他"水"素材

STEP|15 复制"背景"3D图层并栅格化，然后使用【自由变换】命令进行调整，如图6-100所示。

图6-100　绘制戒指投影

STEP|16 设置【混合模式】为"叠加"，不透明度为"70%"，如图6-101所示。

图6-101　修饰戒指投影

STEP|17 添加图层蒙版进行仔细的修改，如图6-102所示。

图6-102　绘制投影

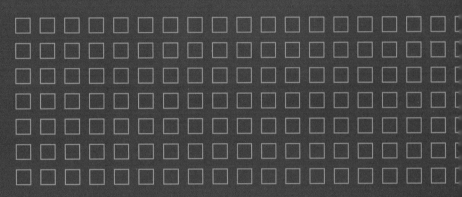

抽象视觉特效表现

　　抽象是指人在认识思维活动中对事物表象因素的舍弃和对本质因素的抽取。它是与自然物象极少或完全没有相近之处，而又具有强烈的形式构成。通过运用于美术领域，它形成了抽象画的表现形式，在绘图软件中，通常是通过矢量图的形式来体现的。

　　矢量图风格特效，是根据几何特性来绘制图形效果。它是使用直线和曲线来描述图形，这些图形的元素是一些点、线、矩形、多边形、圆和弧线等。它的最大优点是无论放大、缩小或旋转等不会失真。

　　本章介绍的是几种常见的抽象视觉特效表现，通过实例让用户了解抽象视觉特效技法的运用及体现。

7.1　音乐幻想

　　本实例绘制的是抽象视觉效果，如图7-1所示。在整幅效果中，主要是以美女素材为主题元素，构建出以音乐为契机进行的音乐幻想。在音乐幻想中，美女陶醉于其中，在喧哗的城市中翩翩起舞，所有的压力、所有的烦恼都随着音乐的响起而烟消云散，犹如现实中的天堂。

　　在绘制矢量图形的过程中，主要使用【钢笔工具】进行各种矢量元素轮廓的绘制，使用【渐变工具】进行过渡颜色的填充，使用【滤镜】功能进行纹理特效的绘制。在绘制矢量图形的过程中要保存绘制的图形路径。

图7-1　矢量特效流程图

7.1.1　绘制图像背景

STEP|01　新建一个1600×1200像素的文档，分辨率为200像素，命名文档为"音乐幻想"。

STEP|02　导入"城市素描"素材，使用【钢笔工具】，依据素描轮廓绘制城市轮廓，如图7-2所示。

图7-2　绘制城市轮廓

STEP|03　新建图层，按Ctrl+Enter快捷键，将路径转换为选区并填充颜色，如图7-3所示。

图7-3　填充选区颜色

STEP|04　添加图层蒙版，使用【渐变工具】进行修饰，如图7-4所示。

图7-4 使用图层蒙版修饰

STEP|05 选择【钢笔工具】 ，绘制出背景光芒轮廓区域，如图7-5所示。

图7-5 绘制光芒区域轮廓

STEP|06 新建图层，按Ctrl+Enter快捷键，将路径转换为选区并填充一个由橙色至黄色的径向渐变，将该图层置于"城市素材"图层下，效果如图7-6所示。

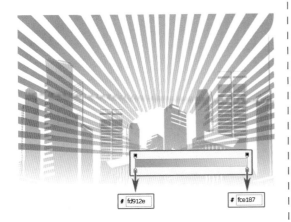

图7-6 填充渐变颜色

STEP|07 新建图层并填充橙色，将该图层置于"背景光芒"图层下，效果如图7-7所示。

图7-7 填充图层颜色

7.1.2 处理人物素材

STEP|01 导入"听音乐的女孩"素材，在【通道】面板中选择"绿"通道，复制该通道，按Ctrl+L快捷键，在弹出的"色阶"对话框中设置参数，如图7-8所示。

图7-8 执行【色阶】命令

STEP|02 填充人物轮廓为黑色，按住Ctrl键单击"绿副本"通道，载入黑色选区，在【图层】面板中选择素材图层，删除选区外图像，如图7-9所示。

STEP|03 执行【图像】|【调整】|【阈值】命令，设置参数如图7-10所示。

图7-9 删除多余图像

图7-10 执行【阈值】命令

STEP|04 选择【魔棒工具】，设置容差值为15像素，选择图像内的黑色区域，新建图层，选择【渐变工具】填充一个由黄色至红色的径向渐变，效果如图7-11所示。

图7-11 执行渐变填充

STEP|05 选择原图层，使用【渐变工具】为人物填充一个由浅黄至深黄的径向渐变，如图7-12所示。

图7-12 执行渐变填充

STEP|06 使用【橡皮擦工具】修补图像中多余的杂点，调整图像大小以及位置，如图7-13所示。

图7-13 调整图像大小及位置

7.1.3 绘制装饰元素

STEP|01 导入"花形"素材，选择【钢笔工具】，绘制出装饰花形轮廓，如图7-14所示。

图7-14 绘制装饰花形轮廓

STEP|02 按Ctrl+Enter快捷键，载入路径选区，使用【渐变工具】■填充一个由浅红至深红的线性渐变，如图7-15所示。

图7-15 执行渐变填充

STEP|03 复制"花形"图层，水平镜像该图层，调整图层大小以及分布位置，如图7-16所示。

图7-16 水平镜像图层

STEP|04 选择【钢笔工具】，绘制出装饰带轮廓，使用【渐变工具】■填充一个由浅黄至黄色的线性渐变，如图7-17所示。

图7-17 绘制装饰带

STEP|05 选择【通道】面板，新建"Alpha1"通道并填充为白色，执行【滤镜】|【画笔描边】|【喷溅】命令，设置参数如图7-18所示。

图7-18 使用通道功能

STEP|06 按住Ctrl键单击"Alpha1"通道，在【图层】面板中选择"装饰带"图层，按Ctrl+Alt+I快捷键反选选区，删除选区内图像，修改边缘轮廓，如图7-19所示。

图7-19 修改边缘轮廓

STEP|07 依据以上方法，绘制其他装饰带效果，如图7-20所示。

图7-20 绘制其他装饰带效果

STEP|08 选择【椭圆选框工具】 ◯，绘制出圆形轮廓并填充黑色，如图7-21所示。

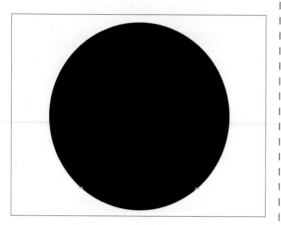

图7-21　绘制圆形轮廓

STEP|09 复制该图层并填充颜色，调整图层大小以及位置，如图7-22所示。

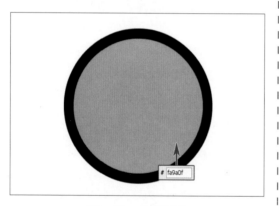

图7-22　复制图层

STEP|10 依据以上方法，绘制出其他圆形轮廓，如图7-23所示。

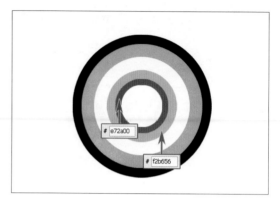

图7-23　绘制其他圆形轮廓

STEP|11 合并所有圆形轮廓图层，复制合并图层，调整其大小以及位置，如图7-24所示。

图7-24　复制图层

STEP|12 依据以上方法绘制出其他装饰元素，完成本实例绘制。

7.2　舞动城市

　　本实例为抽象视觉特效的矢量图形效果，如图 7-25 所示。其效果主要以背景素材为基础元素进行扩展，构建出随着舞者舞动而产生的场景，它可以是现实中的城市，也可以是想象中的沙滩与海浪。

　　在绘制图像的过程中，主要使用【钢笔工具】 ◯进行浪花元素以及其他元素轮廓的绘制，使用【渐变工具】 ▦以及颜色填充进行素材与图像的上色，使用【椭圆选框工具】 ◯进行圆形轮廓的绘制。

图7-25 抽象视觉特效流程图

7.2.1 处理素材图片

STEP|01 新建一个1600×1200像素的文档，分辨率为200像素，设置文档名称为"舞动城市"。导入"城市"素材，调整素材大小以及位置，如图7-26所示。

图7-26 添加素材

STEP|02 选择【渐变工具】▣，为图像添加一个由浅绿至深绿的径向渐变填充，如图7-27所示。

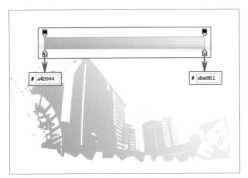

图7-27 执行径向渐变填充

STEP|03 导入"轮胎印"素材，调整素材大小以及位置，如图7-28所示。

图7-28 导入图片素材

STEP|04 选择【渐变工具】▣，为图像添加一个由黄色至绿色的线性渐变填充，如图7-29所示。

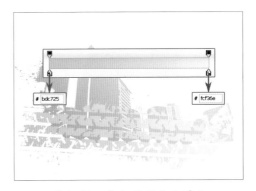

图7-29 执行线性渐变填充

STEP|05 选择【画笔工具】，设置画笔大小为200像素的硬角画笔，新建图层并绘制圆点，如图7-30所示。

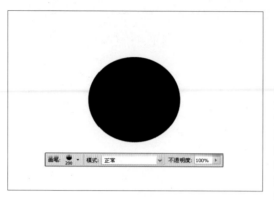

图7-30 绘制圆点

STEP|06 选择【钢笔工具】，绘制圆点边缘突出轮廓，如图7-31所示。

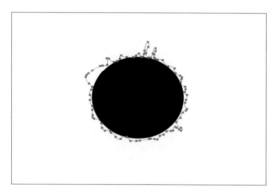

图7-31 绘制边缘突出轮廓

STEP|07 按Ctrl+Enter快捷键，载入路径选区并填充黑色，完成单个墨点绘制，如图7-32所示。

图7-32 填充颜色

STEP|08 依据以上方法绘制其他墨点轮廓，调整墨点轮廓，如图7-33所示。

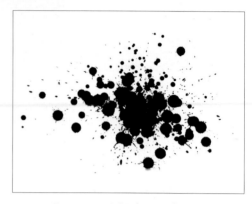

图7-33 绘制其他墨点效果

STEP|09 选择【渐变工具】，为图像添加一个由浅绿至深绿的线性渐变填充，如图7-34所示。

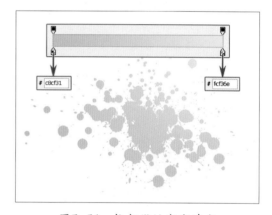

图7-34 执行线性渐变填充

7.2.2 绘制主题装饰元素

STEP|01 选择【钢笔工具】，绘制出海浪装饰元素轮廓，如图7-35所示。

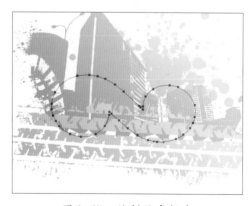

图7-35 绘制元素轮廓

STEP|02 载入路径选区，选择【渐变工具】■拉出一个由红色至黑色的渐变，调整图像位置，如图7-36所示。

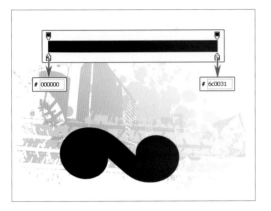

图7-36 执行线性渐变填充

STEP|03 选择【钢笔工具】■，绘制出海浪装饰元素外轮廓，如图7-37所示。

图7-37 绘制元素轮廓

STEP|04 载入路径选区，选择【渐变工具】■，拉出一个由浅红色至深红色的渐变，如图7-38所示。

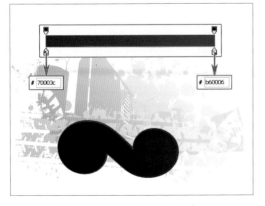

图7-38 执行线性渐变填充

STEP|05 选择【钢笔工具】■，绘制出海浪装饰元素轮廓，如图7-39所示。

图7-39 绘制元素轮廓

STEP|06 载入路径选区，使用【渐变工具】■拉出一个由黄色至橘色的线性渐变，如图7-40所示。

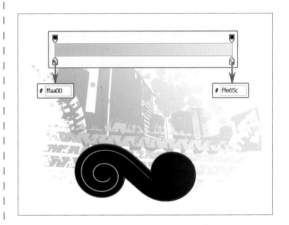

图7-40 执行线性渐变填充

STEP|07 依据以上方法绘制出其他海浪装饰元素，如图7-41所示。

图7-41 绘制其他海浪装饰元素

STEP|08 选择【钢笔工具】，绘制出五星元素轮廓，如图7-42所示。

图7-42 绘制元素轮廓

STEP|09 载入路径选区，使用【渐变工具】拉出一个由黄色至橘色的线性渐变，调整图像位置，如图7-43所示。

图7-43 执行线性渐变填充

STEP|10 选择【椭圆选框工具】，绘制圆点轮廓并填充黑色，如图7-44所示。

图7-44 绘制圆点轮廓

STEP|11 选择【钢笔工具】，绘制出斜线装饰轮廓，如图7-45所示。

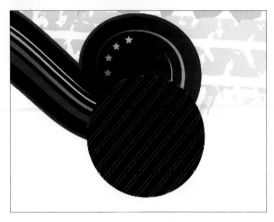

图7-45 绘制装饰轮廓

STEP|12 载入图路径选区，使用【渐变工具】拉出一个由红色至黑色的线性渐变，效果如图7-46所示。

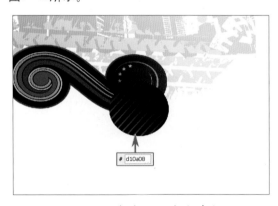

图7-46 执行线性渐变填充

STEP|13 依据以上方法，绘制其他圆点装饰轮廓，如图7-47所示。

图7-47 绘制其他圆点装饰

STEP|14 选择【钢笔工具】 ，绘制底部浪花轮廓，如图7-48所示。

图7-48 绘制浪花轮廓

STEP|15 载入路径选区，使用【渐变工具】 拉出一个由浅红色至暗红色的线性渐变，调整图像位置，如图7-49所示。

3e001c # 85003c

图7-49 执行线性渐变

STEP|16 选择【钢笔工具】 ，绘制出浪花灰部轮廓，如图7-50所示。

图7-50 绘制浪花轮廓

STEP|17 载入路径选择区，使用【渐变工具】 拉出一个由桔黄色至桔红色的线性渐变，调整图像位置，如图7-51所示。

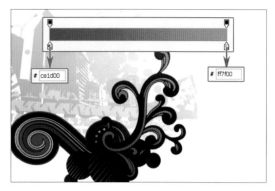

ce1d00 # ff7f00

图7-51 执行线性渐变填充

STEP|18 选择【钢笔工具】 ，绘制出浪花亮部轮廓，如图7-52所示。

图7-52 绘制浪花轮廓

STEP|19 载入路径选区，使用【渐变工具】 拉出一个由黄色至桔红色的线性渐变，调整图像位置，如图7-53所示。

ce1d00 # fcf000

图7-53 执行线性渐变填充

STEP|20 依据同样方法绘制其他浪花轮廓，如图7-54所示。

图7-54 绘制其他浪花轮廓

技巧

只要绘制出两个主题浪花效果，可以将浪花图层盖印，然后水平镜像文件，调整图像位置即可。

7.2.3 绘制其他装饰效果

STEP|01 选择【椭圆选框工具】，绘制出圆圈底色轮廓并填充颜色，设置图层名称为"圆圈"，如图7-55所示。

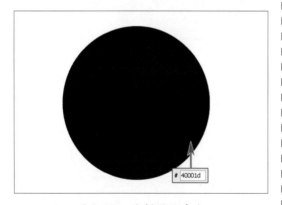

图7-55 绘制圆圈底色

STEP|02 复制该图层，调整图层大小，载入图层选区，使用【渐变工具】拉出一个由黄色至橘红色的线性渐变，如图7-56所示。

STEP|03 复制"圆圈"图层，调整图层大小及位置，如图7-57所示。

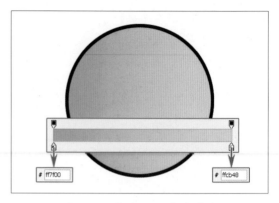

图7-56 执行线性渐变填充

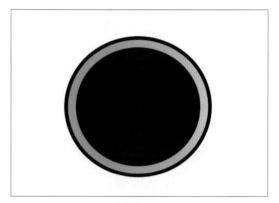

图7-57 复制图层

STEP|04 依据同样方法，完成圆圈装饰肌理效果，如图7-58所示。

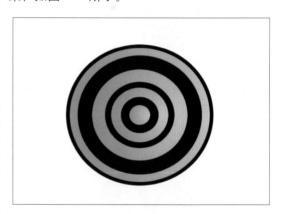

图7-58 绘制其他装饰肌理

STEP|05 依据以上方法，绘制出其他圆圈装饰肌理效果，调整图像位置，如图7-59所示。

STEP|06 选择【钢笔工具】，绘制装饰肌理轮廓并填充黑色，如图7-60所示。

图7-59 绘制其他圆圈

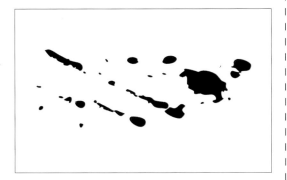

图7-60 绘制肌理轮廓

STEP|07 使用【钢笔工具】，绘制装饰肌理轮廓其他部分并填充黑色，如图7-61所示。

图7-61 绘制其他部分轮廓

STEP|08 调整图像角度以及位置，载入图层选区，使用【渐变工具】拉出一个由草绿色至浅蓝色的线性渐变，如图7-62所示。

STEP|09 依据同样方法，绘制出其他装饰肌理效果，如图7-63所示。

图7-62 执行线性渐变填充

图7-63 绘制其他肌理效果

STEP|10 导入"人物"素材，调整素材大小以及位置，如图7-64所示。

图7-64 导入人物素材

提示

绘制矢量图像效果或者导入矢量图像，最好先保留其轮廓路径，以便在调整图像大小以及角度时图像不会出现锯齿。

7.2.4 绘制背景效果

STEP|01 选择【钢笔工具】 ，绘制出背景光芒轮廓，如图7-65所示。

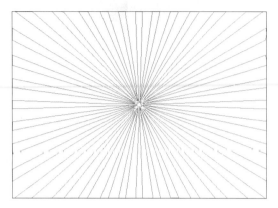

图7-65 绘制背景光芒轮廓

STEP|02 按Ctrl+Enter快捷键，载入路径选区，使用【渐变工具】 径向渐变填充背景图层为黑色，如图7-66所示。

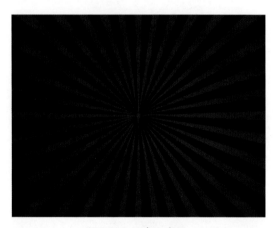

图7-66 填充颜色

STEP|03 导入"肌理效果"素材，载入图层选区，调整图层大小以及位置，如图7-67所示。

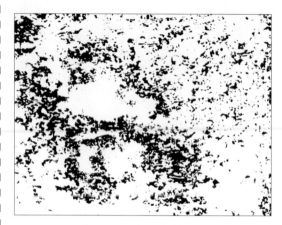

图7-67 导入素材图片

STEP|04 选择【魔棒工具】 ，在【通道】面板中选择"蓝"通道，选取白色区域，按Ctrl+Alt+I快捷键反选选区，选择"背景光芒"图层，删除选区内图像，如图7-68所示。

图7-68 绘制肌理效果

STEP|05 继续添加图像肌理效果，调整图像比例以及明暗关系，完成视觉特效绘制。

7.3 矢量火浴

本实例通过将位图转换为矢量图，结合"火"素材特效合成"矢量火浴"图，如图 7-69 所示。在制作中，使用混合模式和蒙版进行图像效果的合成，整个合成是通过主体、细节、再次深入的过程来实现的。

图7-69 矢量火浴流程图

7.3.1 位图转矢量

STEP|01 新建一个1600×1200像素的空白文档。导入素材，使用【钢笔工具】 绘制出人物的整体路径，效果如图7-70所示。

图7-70 绘制整体路径

STEP|02 将路径转换为选区，并反向选择，删除其余部分。执行【图像】|【调整】|【去色】命令，然后调整色阶，效果如图7-71所示。

图7-71 抠取人物

STEP|03 执行【图像】|【调整】|【色调分离】命令，将色阶参数设置为4，效果如图7-72所示。

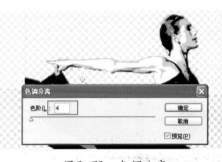

图7-72 色调分离

STEP|04 使用【钢笔工具】 抠出人物色块，数值由深到浅分别是＃860213、＃ED5F21、＃FD9737、＃FEB04A，效果如图7-73所示。

图7-73 添加色块

提示

在抠取色块的时候先抠取浅色，浅色的范围可扩大，然后再仔细地抠取深色，防止色块之间漏色。

STEP|05 使用【减淡工具】 ![icon] 涂抹高光，选择【加深工具】 ![icon] 加深头顶的暗部，并复制图层，设置【混合模式】为"叠加"，不透明度为50%，如图7-74所示。

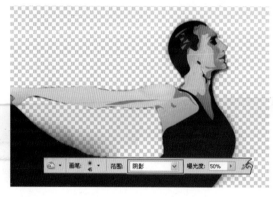

图7-74 加深和减淡图片

STEP|06 新建图层，选择【渐变工具】 ![icon]，设置参数，分别为#490504、#000000。选择【径向渐变】 ![icon]，放置至最底图层，效果如图7-75所示。

图7-75 设置背景渐变

STEP|07 复制"人物"图层，执行【图像】|【调整】|【去色】命令，调整色阶，设置【混合模式】为"叠加"，不透明度为50%，如图7-76所示。

STEP|08 选择所有的人物图层，按Ctrl＋G键组合。单击【添加图层蒙版】按钮 ![icon]，为图层添加蒙版，使用柔角画笔擦去衣服下端，如图7-77所示。

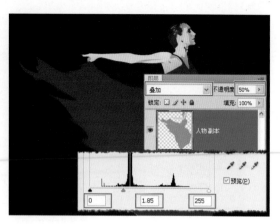

图7-76 增加人物亮度

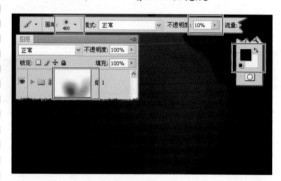

图7-77 修饰衣服

7.3.2 火的创意合成

STEP|01 导入"火炭"的素材，单击【添加图层蒙版】按钮 ![icon]，使用不透明度为50%的柔角画笔擦去旁边的部分，如图7-78所示。

图7-78 导入火炭素材

STEP|02 打开"火"的素材1，使用通道抠图，然后导入所编辑的图片中，为其添加蒙版，使用柔角画笔擦去多余的部分，如图7-79

所示。

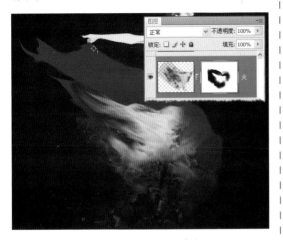

图7-79　添加火的素材

STEP|03　复制"火"图层，设置【混合模式】为"滤色"，单击【添加图层蒙版】 □ ，使用柔角画笔擦除多余的部分，效果如图7-80所示。

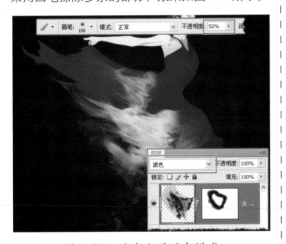

图7-80　改变火的混合模式

STEP|04　导入"火"素材2，使用添加图层蒙版擦除多余的部分，设置【混合模式】为"柔光"，效果如图7-81所示。

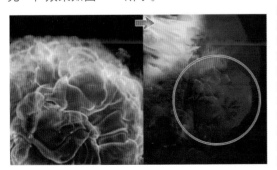

图7-81　继续添加火的素材

STEP|05　单击【画笔工具】 ✎ ，选择"火"的笔刷素材，为衣服添加火的纹理，根据不同的位置调节笔刷的颜色，效果如图7-82所示。

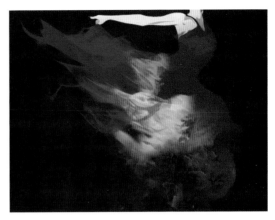

图7-82　添加衣服纹理

提示

"火"样式的笔刷可以在网上下载，添加的时候注意方向要一致。

STEP|06　同上所述，继续添加火的素材，可以改变火的混合模式和不透明度，使其融合在一起，效果如图7-83所示。

图7-83　丰富画面

STEP|07　火的基本素材完成了，在高光的位置复制火，通过改变图层的混合模式，添加高光，效果如图7-84所示。

图7-84　添加火的高光

提示

在添加高光的时候要把握整体的明暗度，要有主次之分。

STEP|08　导入"火"的素材3，使用蒙版抠取图片。设置【混合模式】为"柔光"不透明度设置为80%，如图7-85所示。

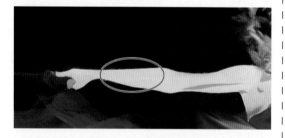

图7-85　添加火素材

提示

在手臂和身体的连接部分要处理好火的纹理，在添加火的素材中可以调整图层混合模式和不透明度，使其叠加在一起比较自然。

STEP|09　同上所述，为手臂添加其他火的素材，火势的走向要一致，注意高光和暗部，效果如图7-86所示。

STEP|10　在"火炭"与火的连接处添加火的纹理，使其自然过渡，可设置多种混合模式，效果如图7-87所示。

图7-86　添加手臂上的火

图7-87　添加火的过渡

7.3.3　后期处理

STEP|01　按Ctrl＋Shift＋Alt＋E快捷键，盖印图章。然后执行【图像】|【调整】|【可选颜色】命令，设置参数，如图7-88所示。

图7-88　调整可选颜色

STEP|02　执行【图像】|【模式】|【Lab颜色】命令，切换到【通道】面板，选择"明度"通

道，复制此通道。调整到RGB模式，粘贴此通道至【图层】面板中，如图7-89所示。

图7-89　Lab明度

STEP|03　设置图层【混合模式】为"叠加"，不透明度为30%，效果如图7-90所示。

图7-90　叠加图层模式

STEP|04　同上所述，再次添加火的素材，改变混合模式和不透明度，增加整体亮度，如图7-91所示。

STEP|05　默认前景色和背景色，执行【滤镜】|【渲染】|【云彩】命令，双击"云彩"图层，按住Alt键向右拖动左边第二个小三角滑块，同上所述，拖动右边第一个小三角滑块，如图7-92所示。

图7-91　整体亮度的提升

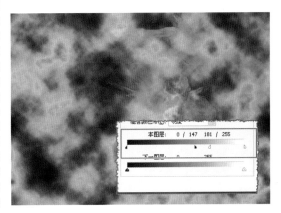

图7-92　添加云彩

STEP|06　调整【混合模式】为"叠加"，添加图层蒙版，擦去亮度不合适的地方。再次复制两个"叠加"图层，如图7-93所示。

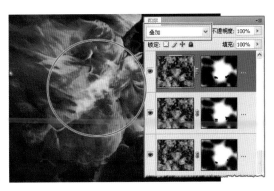

图7-93　利用云彩增加亮度

STEP|07 同上所述，再次利用火的素材添加其亮度使其饱满，效果如图7-94所示。

图7-94 增加火的肌理

STEP|08 再次盖印所有图层，执行【选择】|【色彩范围】命令，设置参数，添加图层蒙版，去掉不合适的选区，如图7-95所示。

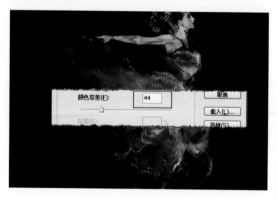

图7-95选择亮部

STEP|09 用色阶提高选区的亮度。新建图层，设置图层【混合模式】为"亮度"，前景色为白色，使用【画笔工具】 ✐ 擦出火炭的亮部，如图7-96所示。

图7-96 选择亮部

STEP|10 再次调节一下整体的明暗度，添加火的高光，注意头部的火势，完成最终效果。

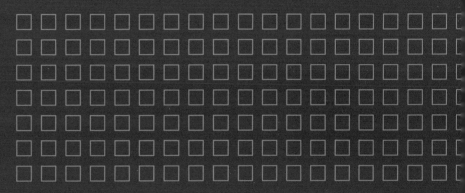

绘画艺术风格特效表现

电脑绘画的种类与用途很多，如动画、漫画、插图、广告制作、服装设计等。它的最大好处是颜色处理真实，其次是修改、变形变色方便，再次是复制方便，放大缩小方便。而且制作速度快捷，保存耐久及运输方便，画面效果奇特。这些优点在制作动画、大型广告牌时尤其重要。

电脑绘画不同于一般的纸上绘画，它是用电脑的手段和技巧进行创作的。所以创意和构思非常重要，例如表现人们的生活，人们喜欢的事物、活动，人们的想象和幻想。在表现手法上要努力捕捉最感人、最美的镜头，充分发挥大胆的想象，尽量让画面充实、感人、鲜艳。

本章介绍的是几种常见的绘画类艺术效果表现，通过实例让用户了解电脑绘画技法的运用及体现。

8.1 水彩画效果

　　本案例是通过滤镜绘制的水彩画效果，如图 8-1 所示。绘制本实例效果时，首先需要将素材图片融合成一幅和谐的图画，通过滤镜组合功能绘制出水彩肌理效果，在绘制效果的过程中，需要注意构图的合理性，以及肌理效果的强弱。

　　在绘制水彩画的过程中，使用图层蒙版、图层混合模式进行主体素材图片的组合运用，使用【钢笔工具】 进行装饰元素效果的绘制，最后使用组合滤镜功能进行水彩肌理效果的表现。

图8-1　水彩画效果流程图

8.1.1　绘制背景水彩效果

STEP|01　新建一个1600×1200像素的文档，分辨率为200像素，设置文档名称为"水彩画"。

STEP|02　导入素材图片，调整图像大小以及位置，如图8-2所示。

图8-2　导入图片素材

STEP|03　执行【滤镜】|【模糊】|【特殊模糊】命令，如图8-3所示。

图8-3　特殊模糊滤镜

STEP|04　复制图层，设置图层混合模式为"柔光"，如图8-4所示。

图8-4　设置图层混合模式

STEP|05　执行【滤镜】|【杂色】|【减少杂色】命令，设置参数如图8-5所示。

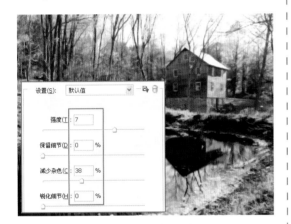

图8-5　减少杂色滤镜

STEP|06　执行【滤镜】|【艺术效果】|【水彩】命令，设置参数如图8-6所示。

图8-6　水彩滤镜

STEP|07　导入素材图片，调整图像大小以及位

置，如图8-7所示。

图8-7　导入素材图片

STEP|08　设置图层混合模式为"正片叠底"，调整图层不透明度为50%，效果如图8-8所示。

图8-8　设置图层混合模式

STEP|09　导入素材图片，调整图像大小及位置，如图8-9所示。

图8-9　导入素材图片

STEP|10 执行【图像】|【调整】|【去色】命令，如图8-10所示。

图8-10 去除图像颜色

STEP|11 设置图层混合模式为"柔光"，添加图层蒙版修饰，如图8-11所示。

图8-11 设置图层混合模式

STEP|12 复制图层，保留原图层属性，如图8-12所示。

图8-12 复制图层

8.1.2 绘制人物水彩效果

STEP|01 导入"人物"素材，调整素材大小及位置，如图8-13所示。

图8-13 导入"人物"素材

STEP|02 在【通道】面板中，选择"蓝"通道并复制该通道，按Ctrl+L键，使用"色阶"命令调整通道图层明度与对比度，如图8-14所示。

图8-14 调整通道图层明度与对比度

STEP|03 选择【魔棒工具】，选取人物轮廓外区域并填充白色，填充人物轮廓为黑色，如图8-15所示。

STEP|04 按住Ctrl键，单击"蓝副本"通道图层，载入图层选区，在【图层】面板中选择"人物"素材图层，删除人物外部图像，如图8-16所示。

图8—15 填充轮廓颜色

图8—16 删除选区内图像

STEP|05 执行【滤镜】|【艺术效果】|【水彩】命令，设置参数如图8—17所示。

图8—17 水彩滤镜

STEP|06 添加图层蒙版进行修饰，使人物轮廓与背景融合，如图8—18所示。

图8—18 添加图层蒙版修饰

STEP|07 导入素材图片，调整图像大小以及位置，设置图层混合模式为"正片叠底"，如图8—19所示。

图8—19 导入素材

STEP|08 导入素材图片，调整图像大小以及位置，设置图层混合模式为"正片叠底"，如图8—20所示。

图8—20 导入素材图片

STEP|09 依据以上方法，导入其他素材图片，如图8-21所示。

图8-21 导入其他素材

STEP|10 选择【矩形选框工具】，绘制出矩形选框，反选选区并删除选区内图像，如图8-22所示。

图8-22 删除多余选区

STEP|11 复制图层，设置图层混合模式为"柔光"，添加图层蒙版进行修饰，调整图像不透明度为30%，图8-23所示。

图8-23 设置图层混合模式

STEP|12 复制图层，执行自由变换图像，如图8-24所示。

图8-24 执行自由变换图像

STEP|13 设置图层混合模式为"正片叠底"，添加图层蒙版进行修饰，如图8-25所示。

图8-25 设置图层混合模式

STEP|14 依据同样方法，绘制人物其他部位水彩效果，完成水彩画效果绘制。

8.2 卡通人物插画

本案例是通过使用【钢笔工具】制作的插画。构图以美女为主体进行绘制，将"火"的素材运用于背景花朵的绘制，通过混合模式使其叠加在一起，画面以线条为表现元素体现女性的柔美形态。

在绘制插画的"肤色"时，多处用到画笔工具。通过改变画笔的不透明度和软硬程度，使其和肤色融合在一起，呈现自然效果。在添加背景时，改变"花"的大小、位置、不透明度，包括火的肌理，使背景有层次而不突兀，效果如图8-26所示。

图8-26 矢量图的绘制流程

8.2.1 绘制头部

STEP|01 新建一个1600×1200像素的空白文档，并且新建"图层1"。使用【钢笔工具】绘制"人物"形状，然后填充图层为白色。执行【图层】|【矢量蒙版】|【当前路径】的命令，效果如图8-27所示。

STEP|02 新建一个图层，使用【钢笔工具】画出人物眼部轮廓，按Ctrl＋Enter快捷键转换为选区，填充黑色，效果如图8-28所示。

图8-27 制作整体轮廓

图8-28 眼部轮廓的绘制

STEP|03 新建图层，使用【钢笔工具】✎绘制出眼部中间的部分，并填充为白色。使用【画笔工具】✎，颜色为#F86D5B,画出阴影，效果如图8-29所示。

STEP|06 新建图层，使用【钢笔工具】✎画出上眼皮轮廓，填充为#156258的颜色，使用颜色为#67B9B9的【画笔工具】✎画出亮部，并用白色画笔在左端画出"彩妆"的高光部分，效果如图8-32所示。

图8-29 眼部阴影

STEP|04 新建图层，使用【钢笔工具】✎画出瞳孔的部分，转换为选区，填充黑色。然后用颜色为#800A06的【画笔工具】✎在瞳孔的下部画出中间色调，效果如图8-30所示。

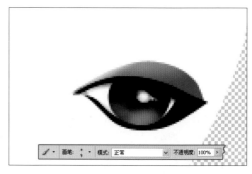

图8-32 上眼部彩妆

STEP|07 执行【滤镜】|【杂色】|【添加杂色】命令，设置参数。然后使用白色【画笔工具】✎画出高光部分。最后，设置图层不透明度为70%，效果如图8-33所示。

图8-30 绘制眼部中间色调

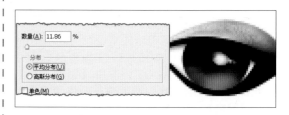

图8-33 添加杂色

STEP|05 使用颜色为#F67409的【画笔工具】✎在瞳孔的下端画出亮部，并用白色画笔绘制出瞳孔高光的部分，效果如图8-31所示。

STEP|08 选择"脸轮廓"图层，填充颜色为#FEE0CD。使用颜色为#F45F5B、不透明度为20%的【画笔工具】✎为其添加"腮红"，最后添加高光，效果如图8-34所示。

图8-31 整体绘制瞳孔

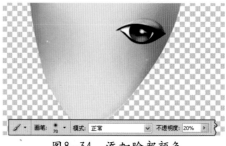

图8-34 添加脸部颜色

STEP|09 选择颜色为#F9A68A、不透明度为30%的【画笔工具】 ✐ 为其添加暗部色调，效果如图8-35所示。

图8-35　暗部色调的绘制

技巧

在添加暗部色调的时候，不能和腮红的颜色混合。在调节过程中，先用不透明度低的画笔为其添加色调。

STEP|10 新建一个图层，使用颜色为#962C22的画笔添加阴影，不透明度设置为40%，添加高光，效果如图8-36所示。

图8-36　绘制眼睛阴影

STEP|11 新建图层，用颜色为#F29394的【画笔工具】 ✐ 添加中间色调，不透明度设置为50%。完成后放置在"眼部阴影"图层的下方，如图8-37所示。

STEP|12 新建图层，用【钢笔工具】 ✐ 绘制出眉毛的轮廓，填充渐变色，数值分别为#A33C0A、#040000，如图8-38所示。

图8-37　添加眼部中间色调

图8-38　绘制眉毛

STEP|13 选中眼部图层，组合图层。复制这个组合，执行【编辑】|【变换】|【水平翻转】命令。最后修改眼珠的位置，效果如图8-39所示。

图8-39　复制眼睛

STEP|14 新建图层，使用【矩形选框工具】 ▢ 画出选区，填充黑色，默认颜色值。执行【滤镜】|【渲染】|【纤维】命令，执行【滤镜】|【扭曲】|【极坐标】命令，如图8-40所示。

图8-40　纤维和极坐标滤镜

STEP|15　使用【椭圆选框工具】○选取中间部分，反选，删除。改变大小及位置，设置【混合模式】为"叠加"，如图8-41所示。

图8-41　瞳孔纹理

STEP|16　新建图层，使用【钢笔工具】◊绘制鼻子暗部，填充颜色为#F2AFA8，绘制鼻孔，填充颜色为#903C18，如图8-42所示。

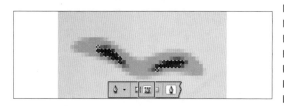

图8-42　绘制鼻子

STEP|17　使用【钢笔工具】◊绘制鼻子高光，然后用【橡皮擦工具】◢擦除，效果如图8-43所示。

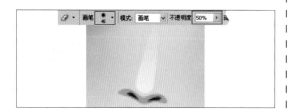

图8-43　添加鼻子高光

STEP|18　使用【钢笔工具】◊画出"人中"阴

影，填充为#F4BBB1，使用【橡皮擦工具】◢擦除上部，使用【画笔工具】添加两眼之间的暗部，效果如图8-44所示。

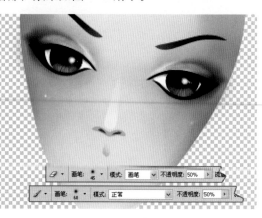

图8-44　绘制阴影

STEP|19　新建图层，使用【钢笔工具】◊绘制上唇轮廓，填充为#F84947，加深暗部。提高亮部，效果如图8-45所示。

图8-45　绘制上唇

STEP|20　新建图层，使用【钢笔工具】◊绘制下唇轮廓，填充为#F84947，加深暗部。使用不透明度为10%的【橡皮擦工具】◢擦除下部，添加高光，如图8-46所示。

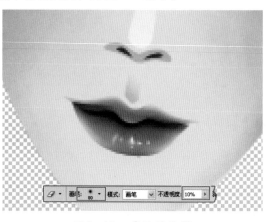

图8-46　嘴唇的绘制

STEP|21 使用【钢笔工具】画出嘴角的部分，填充为#802629，添加上嘴角高光，效果如图8-47所示。

图8-47 嘴角和亮部的添加

注意

用橡皮擦擦下部嘴唇时，擦出透明的感觉即可，不必要全部擦除。最后要用深一点的颜色画出嘴唇下部轮廓的颜色。

STEP|22 添加嘴唇下部阴影，使用【钢笔工具】画出耳朵的部分，填充为#FEE0CD，如图8-48所示。

图8-48 添加耳朵

8.2.2 头发的绘制

STEP|01 使用【钢笔工具】画出头发轮廓，填充为#310A0C。添加头发的阴影#E5886B，使用【加深工具】涂抹头发上部，如图8-49所示。

注意

在绘制头发时要根据头形来画。

图8-49 头发的绘制和阴影

STEP|02 新建图层，填充黑色，执行【滤镜】|【渲染】|【纤维】命令，使用【单行选框工具】选择选区，然后复制生成一个图层并上下拉伸，效果如图8-50所示。

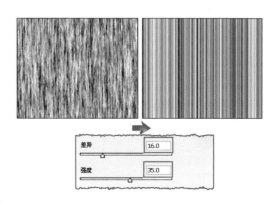

图8-50 渲染纤维

STEP|03 新建图层，使用【矩形选框工具】选择选区，按Ctrl+J快捷键复制，隐藏上一个纤维图层，如图8-51所示。

注意

选择的纤维长度大致和头发的长度吻合。

图8-51　复制一个纤维层

STEP|04 复制 "纤维" 图层，调整大小，设置混合模式和不透明度，使用【橡皮擦工具】🖊️擦去多余部分。使用上述方法，添加其他纹理，如图8-52所示。

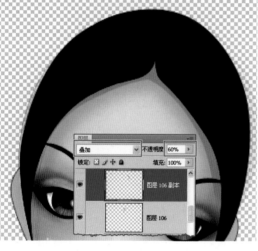

图8-52　添加头发纹理

STEP|05 新建图层，使用【钢笔工具】🖊️绘制头发并进行填充，然后使用【加深工具】🖊️涂抹，使用同样方法添加纹理，设置混合模式和不透明度，如图8-53所示。

STEP|06 新建图层，使用【钢笔工具】🖊️绘制头发轮廓，填充为#1F0203，使用同样的方法添加纹理，效果如图8-54所示。

STEP|07 同上所述，绘制人物的头发，在绘制中不断调节头发的明暗度，效果如图8-55所示。

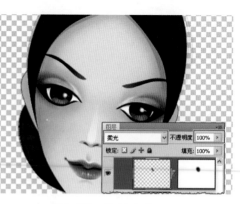

图8-53　绘制头发

图8-54　绘制另一端头发

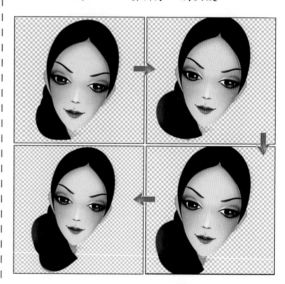

图8-55　头发绘制过程

8.2.3　身体和衣服的绘制

STEP|01 选中 "身体" 图层，填充为#FEE0CD，添加暗部，使用【钢笔工具】🖊️画出 "锁骨" 的阴影，用#E88E82颜色填充，如图8-56所示。

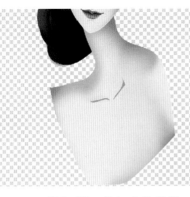

图8-56 添加身体阴影

提示

在添加暗部的时候调节画笔的不透明度和大小，使其和皮肤很好地融合。

STEP|02 新建图层，使用【钢笔工具】绘制手臂轮廓，添加暗部色调，效果如图8-57所示。

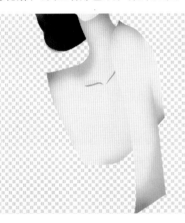

图8-57 手臂的绘制

STEP|03 新建图层，使用【钢笔工具】绘制衣服轮廓，填充为#67020B，在取消选取前用【画笔工具】画出亮部，如图8-58所示。

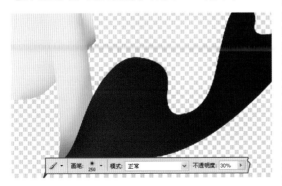

图8-58 绘制衣服的一角

STEP|04 新建图层，绘制衣服的突起部分，在【图层样式】里选择"渐变叠加"为衣服添加渐变，最后使用【画笔工具】修饰，如图8-59所示。

图8-59 绘制衣服突起部分

STEP|05 新建图层，绘制衣服轮廓，填充为#C40303，使用【加深工具】涂抹暗部，再次绘制衣服的底端，如图8-60所示。

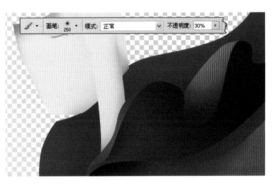

图8-60 绘制衣服的底端

STEP|06 通过改变不透明度，使用【钢笔工具】在身后画出不同层次的衣服，效果如图8-61所示。

图8-61 添加衣服的层次

技巧

在添加衣服层次时，最下层的不透明度要降到最低，衣服的走势要大致相同。

STEP|07 继续添加衣服，使用【钢笔工具】 画出衣服的轮廓，添加暗部和亮部，效果如图8-62所示。

图8-62 继续衣服的绘制

STEP|08 新建图层，使用【钢笔工具】 绘制"五星"的图案，填充颜色，并用【画笔工具】 画出衣服亮部，如图8-63所示。

图8-63 衣服的深入绘制

注意

在添加亮部时要注意整体的把握，次序不能混乱。

STEP|09 继续画出头发部分，把握整体感，添加头发的纹理，步骤同上，效果如果8-64所示。

图8-64 头发的添加

STEP|10 新建图层，使用【钢笔工具】 绘制亮片，添加渐变，不合适的地方用【画笔工具】进行修饰，效果如图8-65所示。

图8-65 亮片的添加

STEP|11 新建图层，使用【钢笔工具】 选取中间部分，使用【画笔工具】 在选区内画出亮片，如图8-66所示。

注意

使用画笔画亮片时要根据明暗度来画，亮片的大小要一致，硬度设置为最大，从衣服的上端往下端画。

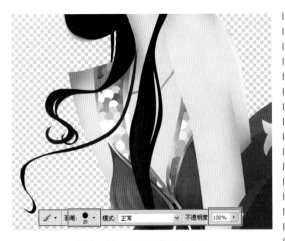

图8-66 画笔点出亮片

STEP|12 新建图层，分别用白色、#FDA6A6、#FD0404D画出同心圆，如图8-67所示。

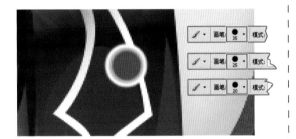

图8-67 画出同心圆

STEP|13 新建图层，选择中间部分，然后把"同心圆"复制几个放入选区内。反选，删除多余部分，如图8-68所示。

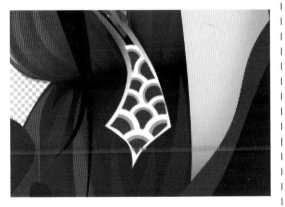

图8-68 添加装饰物

STEP|14 为皮肤添加暗部，不断调节笔刷的不透明度，同时添加头发垂下来的阴影，并进行整体调节，效果如图8-69所示。

图8-69 添加皮肤阴影

STEP|15 选择"手"的图层，填充为#FEE0CD，加深暗部，提高高光，选择【描边】图层样式，添加一像素描边，描边颜色为#AC5E3E，如图8-70所示。

图8-70 手部的绘制

STEP|16 使用【钢笔工具】 绘制出"首饰"的轮廓，转换为选区，使用【画笔工具】 添加首饰的明暗度，如图8-71所示。

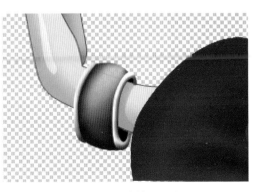

图8-71 首饰的绘制

STEP|17 使用【钢笔工具】 绘制出首饰上的装饰，填充颜色。选择【图层样式】里面的"浮雕效果"，如图8-72所示。

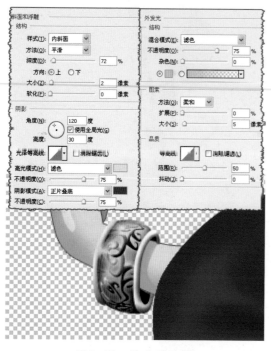

图8-74 整体绘制亮部

8.2.4 花朵和背景的绘制

STEP|01 使用【钢笔工具】 绘制花瓣轮廓，填充为#D10120，并使用【画笔工具】 画出暗部#220101和亮部#F7BE8B，如图8-75所示。

图8-72 浮雕的绘制

STEP|18 导入"火"素材，设置【混合模式】为"叠加"。添加图层蒙版，擦去多余的部分，效果如图8-73所示。

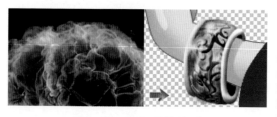

图8-73 添加首饰纹理

图8-75 花朵的绘制

STEP|19 为图片整体添加亮部，使用【钢笔工具】 绘制亮部的轮廓，并进行填充，效果如图8-74所示。

注意

在绘制的过程中要先绘制中间部分，中间的亮部要显得嫩，注意层次的变化。

STEP|02 移动"花朵"放置在合适的位置，导入"火"的素材，设置【混合模式】为"叠加"。添加图层蒙版擦去多余的部分。最后添加亮光，如图8-76所示。

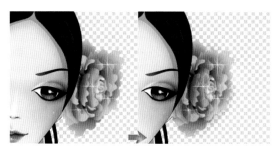

图8-76 添加花朵纹理

STEP|03 使用【钢笔工具】绘制出"叶子"部分。复制"花朵"图层，调整色相/饱和度，改变其大小和角度，如图8-77所示。

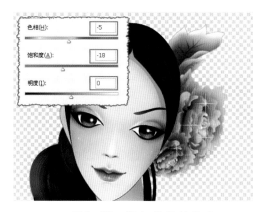

图8-77 添加花朵的层次

STEP|04 同上所述，绘制背景的花朵，变换大小和位置。新建白色图层，使用【画笔工具】在中间部分涂抹暗部，最终效果如图8-78所示。

图8-78 整体的绘制

技巧

在绘制背景过程中调节花朵的不透明度，花朵的亮度不能太抢眼。

PHOTOSHOP

8.3 水墨山村

水墨画是国画的一种表现方式，它继承了中国画强调的"外师造化，中得心源"特点，要求"意存笔先，画尽意在"，强调融化物我，创制意境，达到以形写神，形神兼备，气韵生动。同时水墨画讲究留白，讲究意境，不宜构图太满，要有一些地方空出来，给观者以想象的空间，山水画尤其如此。

本实例绘制的一幅水墨风景画的效果，如图8-79所示。在绘制水墨画的过程中，首先需要在构图上有所讲究，画面需要体现出悠远神韵；其次，如何表现画面的水墨效果是绘制水墨画的重中之重；最后运用肌理效果增加水墨画的视觉效果。

在绘制水墨画的过程中，主要使用【钢笔工具】绘制出画中的山水等元素轮廓，使用【滤镜】功能进行水墨效果以及肌理效果的体现，使用【调整】图层功能进行图像颜色以及明暗关系的调整。

图8-79　水墨山村流程图

8.3.1　处理素材图片

STEP|01　新建一个1600×1200像素的文档，分辨率为200像素，设置文档名称为"水墨绘画"。

STEP|02　导入"小镇"素材，调整素材大小以及位置，使其分布于文档合适位置，如图8-80所示。

图8-80　导入图片素材

STEP|03　为图片素材图层添加图层蒙版，使用【画笔工具】进行修饰，如图8-81所示。

STEP|04　在【调整】面板中选择"色相/饱和度"调整图层，为图像调整色相与饱和度，如图8-82所示。

图8-81　添加图层蒙版修饰

图8-82　添加调整图层

STEP|05　为图层添加"色阶"调整图层，调整图像的明度与对比度，如图8-83所示。

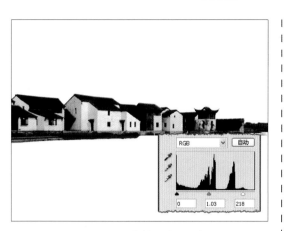

图8-83 修饰调整图层

STEP|06 添加 "树" 素材,调整素材大小以及位置,如图8-84所示。

图8-84 添加素材

STEP|07 执行【图像】|【调整】|【去色】命令,为图层添加 "亮度/对比度" 调整图层,设置参数如图8-85所示。

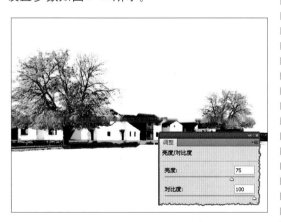

图8-85 添加调整图层

STEP|08 按住Alt键,在 "亮度/对比度1" 图

层与 "图层2" 图层之间单击,使调整图层效果使用于 "图层2",如图8-86所示。

图8-86 调整图层效果链接图层

STEP|09 设置前景色色值为#C3D8C2,按Alt+Delete快捷键,将背景图层填充为前景色,如图8-87所示。

图8-87 填充背景图层颜色

STEP|10 依据以上方法,完成背景素材的组合以及明暗关系的深化与调和,效果如图8-88所示。

图8-88 深化背景素材明暗关系

提示

在使用调整图层调整图层效果以后，为了防止调整图层运用造成紊乱，在绘制图像的过程中可以选择将设置完毕的调整图层与链接的图层进行合并。

STEP|11 新建图层并填充颜色，为图层添加图层蒙版，使用【画笔工具】进行涂抹，绘制出天空轮廓，如图8-89所示。

图8-89 绘制天空轮廓

提示

在水墨画中，除了主体实物需要具体刻画外，其他衬托的背景如天空，只需要神似，所以并不需要绘制出实体效果，能表达出意境即可。

STEP|12 新建图层，填充前景色，执行【滤镜】|【杂色】|【添加杂色】命令，添加图层蒙版进行修饰，设置图层不透明度为30%，如图8-90所示。

图8-90 绘制天空肌理效果

8.3.2 绘制山峦区域

STEP|01 选择【钢笔工具】，绘制左侧山峦轮廓区域并填充颜色，如图8-91所示。

图8-91 绘制山峦轮廓

STEP|02 按Ctrl+J快捷键复制该图层，执行【滤镜】|【杂色】|【添加杂色】命令，设置参数如图8-92所示。

图8-92 添加杂色滤镜

STEP|03 设置复制图层的混合模式为"叠加"，将复制图层与原图层合并，如图8-93所示。

图8-93 合并复制图层

STEP|04 按住Ctrl键，单击图层5副本载入图层选区，在【通道】面板中新建"Alpha1"通道并填充白色，如图8-94所示。

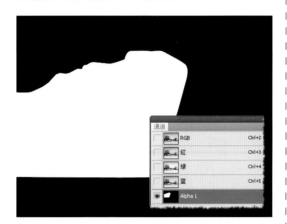

图8-94 通道中填充白色选区

STEP|05 执行【滤镜】|【画笔描边】|【喷溅】命令，设置参数如图8-95所示。

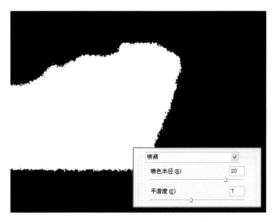

图8-95 喷溅滤镜

技巧

使用通道功能记录选区以及运用滤镜功能进行选区边缘肌理特效，可以方便快捷地绘制出图像的不规则边缘。

STEP|06 按住Ctrl键，单击"Alpha1"通道载入通道选区，在【图层】面板中选择"图层5副本"，按Ctrl+Shift+I快捷键反选选区，删除选区内图像，如图8-96所示。

图8-96 编辑图像边缘

STEP|07 为该图层添加图层蒙版，使用【画笔工具】 ✎进行修饰，设置画笔参数如图8-97所示。

图8-97 添加图层蒙版修饰

STEP|08 按Ctrl+U快捷键，在弹出的"色相／饱和度"对话框中降低图像的明度，如图8-98所示。

图8-98　降低图像明度

STEP|09 选择【钢笔工具】，绘制出中段山峦轮廓区域并填充颜色，如图8-99所示。

图8-99　绘制山峦轮廓

STEP|10 复制该图层，执行【滤镜】|【杂色】|【添加杂色】命令，设置参数如图8-100所示。

图8-100　杂色滤镜

提示

在运用滤镜效果时，各滤镜命令的参数运用必须依据各图像要素的虚实关系进行变化，这样才能产生图像之间的空间层次感。

STEP|11 设置复制图层的混合模式为"叠加"，将复制图层与原图层进行合并，如图8-101所示。

STEP|12 按住Ctrl键单击图层，在【通道】面板中新建"Alpha2"通道并填充白色，如图8-102所示。

图8-101　合并复制图层

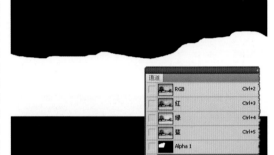

图8-102　在通道中填充白色选区

STEP|13 执行【滤镜】|【画笔描边】|【喷溅】命令，设置参数如图8-103所示。

图8-103　喷溅滤镜

STEP|14 载入"Alpha2"通道选区，在【图层】面板中选择"图层6副本"图层，反选选区，删除选区内图像，降低图层明度，效果如图8-104所示。

图8-104　降低图层明度

STEP|15　添加图层蒙版进行修饰，使用【画笔工具】进行涂抹，如图8-105所示。

图8-105　使用图层蒙版进行修饰

STEP|16　依据以上方法，绘制其他山峦轮廓，如图8-106所示。

图8-106　绘制其他山峦轮廓

8.3.3　绘制图像肌理

STEP|01　选择所有可见图层，按Ctrl+Alt+E快捷键，盖印可见图层，执行【滤镜】|【艺术效果】|【海绵】命令，如图8-107所示。

图8-107　海绵滤镜

技巧

为了便于区分原始绘制图层与调整图层，可以将原始绘制图层进行编组处理。

STEP|02　设置该图层混合模式为"柔光"，调整图层不透明度以及填充量，如图8-108所示。

图8-108　设置图层混合模式

STEP|03　为该图层添加图层蒙版进行修饰，使其效果适用于山峦区域，效果如图8-109所示。

STEP|04　依据以上方法绘制其他区域肌理效果，如图8-110所示。

图8-109　添加图层蒙版

STEP|05 选择【调整】面板，为图像添加"色相／饱和度"调整图层，调整图像的颜色信息，如图8-111所示。

图8-111　调整图像色相

STEP|06 继续添加调整图层，调整图像的亮度以及对比度，完善图像的明暗关系，完成水墨绘画特效的绘制。

图8-110　绘制其他区域肌理效果

8.4 人物插画合成特效

　　本案例是一个人物插画的合成特效，如图8-112所示。插画设计是近代新兴起的一种设计方式，它表达的内容主要以设计师本身的个人情感为基准，所以带有很浓的感情色彩。本节所绘制的人物插画是一位海神，历经沧桑的海神浑身长有海草，但面部刻画得非常清晰，玉石的点缀更加显示了海神的威严与地位。

　　本节主要使用【滤镜】中的命令实现图像的基本纹理，使用【混合模式】调整不同素材之间的关系，也使各种不同的图像融合在一起，营造出一种无与伦比的视觉盛宴。

图8-112　最终效果图

8.4.1 绘制绚丽背景

STEP|01 新建一个文档，设置大小为 1200×1600像素，分辨率为300像素/英寸，颜色模式为RGB。

STEP|02 新建"背景1"图层，设置前景色和背景色，执行【滤镜】|【渲染】|【云彩】命令，如图8-113所示。

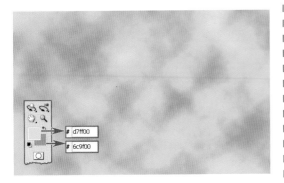

图8-113 渲染背景颜色

STEP|03 执行【滤镜】|【渲染】|【分层云彩】命令，按Ctrl+F快捷键多次执行该命令，如图8-114所示。

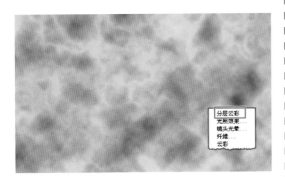

图8-114 执行【分层云彩】命令

STEP|04 复制"背景1"图层并命名为"背景2"。选择"背景2"图层，然后重复按Ctrl+F快捷键4~6次，如图8-115所示。

> **提示**
>
> 按Ctrl+F快捷键可以重复使用上次步骤所使用的【分层云彩】滤镜，按该快捷键的次数越多，图像显示的对比度就越大。

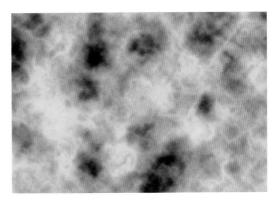

图8-115 重复使用分层云彩滤镜

STEP|05 设置"背景2"图层的【混合模式】为"柔光"，不透明度为50%，如图8-116所示。

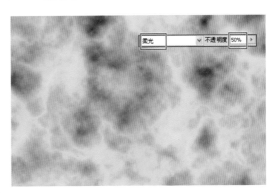

图8-116 修饰"背景2"图层

STEP|06 打开"蔬菜"素材，调整位置和大小，如图8-117所示。

图8-117 打开"蔬菜"素材

STEP|07 设置"蔬菜"图层的【混合模式】为"滤色"，不透明度为80%，如图8-118所示。

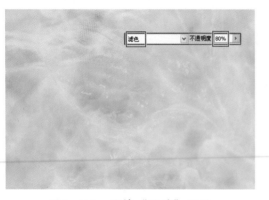

图8-118　修饰"蔬菜"图层

STEP|08　打开"蔬菜"图层的【图层样式】对话框,启用"颜色叠加"复选框,并设置参数,如图8-119所示。

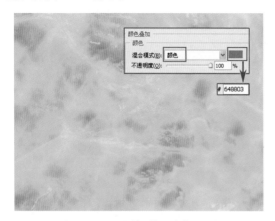

图8-119　修饰"蔬菜"图层

STEP|09　复制"蔬菜"图层并命名为"蔬菜2",按Ctrl+I快捷键进行反相颜色。设置【混合模式】为"滤色",然后打开【图层样式】对话框,启用"颜色叠加"复选框,并设置参数,如图8-120所示。

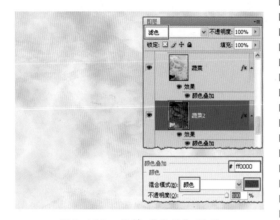

图8-120　修饰"蔬菜"图层

STEP|10　选择"蔬菜2"图层,单击【添加图层蒙版】按钮 ,然后使用【钢笔工具】涂抹不需要的部分,如图8-121所示。

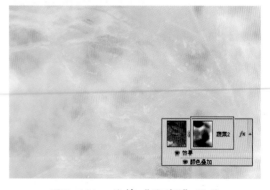

图8-121　修饰"蔬菜2"图层

STEP|11　打开"背景3"素材,调整位置和大小,设置【混合模式】为"点光"。单击【添加图层蒙版】按钮 ,并使用【画笔工具】进行涂抹,如图8-122所示。

图8-122　添加"背景3"素材

STEP|12　新建"红色背景"图层,设置前景色和背景色,执行【滤镜】|【渲染】|【云彩】命令,如图8-123所示。

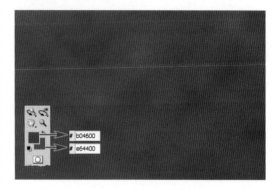

图8-123　绘制红色背景

STEP|13 设置"红色背景"的【混合模式】为"颜色加深"，不透明度为60%，然后单击【添加图层蒙版】按钮 ⬚，并使用【画笔工具】 ✎ 进行涂抹，如图8-124所示。

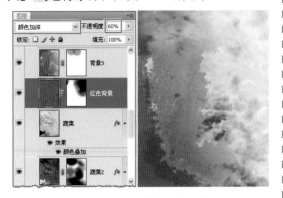

图8-124　修饰红色背景

STEP|14 新建"图层10"图层，使用【椭圆选框工具】 ◯ 绘制选区，执行【选择】|【修改】|【羽化】命令，设置参数。然后设置【混合模式】为"强光"，如图8-125所示。

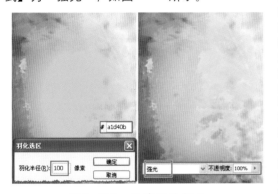

图8-125　修饰背景颜色

STEP|15 复制"图层10"图层并命名为"图层10副本"，设置【混合模式】为"颜色加深"，如图8-126所示。

图8-126　修饰背景颜色

STEP|16 添加"墨迹"素材，设置【混合模式】为"变暗"，然后单击【添加图层蒙版】按钮 ⬚，并使用【画笔工具】 ✎ 进行涂抹，如图8-127所示。

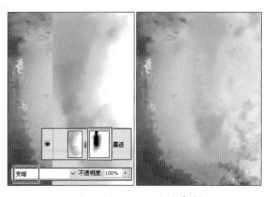

图8-127　添加墨迹素材

8.4.2　绘制主体人物

STEP|01 打开"人物"素材，调整位置和大小，然后单击【添加图层蒙版】按钮 ⬚，并使用【画笔工具】 ✎ 抠出人物头像，如图8-128所示。

图8-128　抠出主体人物头像

STEP|02 新建一图层，同时选中"人物"图层和新建图层，按Ctrl+E快捷键合并图层并命名为"人物"，然后使用【仿制图章工具】 ▣ 涂抹掉人物的眉毛部分，如图8-129所示。

STEP|03 复制"人物"图层命名为"人物1"，执行【滤镜】|【艺术效果】|【调色刀】命令，设置参数，如图8-130所示。

STEP|04 选中"人物1"图层，单击【添加图层蒙版】按钮 ⬚，然后使用【画笔工具】 ✎ 进行涂抹，如图8-131所示。

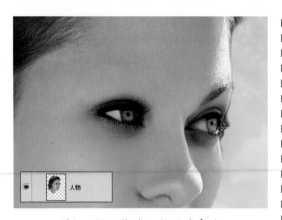

图8-129　修改人物眉毛部分

图8-130　执行【调色刀】命令

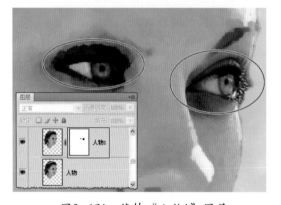

图8-131　修饰"人物1"图层

STEP|05　复制"人物"图层命名为"人物2"，将其移至最上层，执行【滤镜】|【艺术效果】|【底纹效果】命令，设置参数，如图8-132所示。

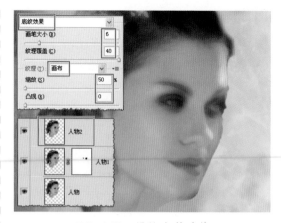

图8-132　修饰人物头像

STEP|06　选中"人物2"图层，单击【添加图层蒙版】按钮 🔲，然后使用【画笔工具】 ✐涂抹掉五官部分，如图8-133所示。

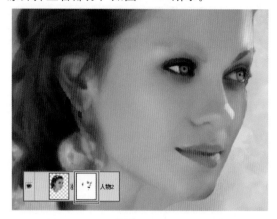

图8-133　修饰人物头像的五官部分

STEP|07　复制"人物"图层命名为"人物3"，将其移至最上层，执行【滤镜】|【模糊】|【高斯模糊】命令，设置参数，如图8-134所示。

图8-134　执行【高斯模糊】命令

STEP|08 执行【图像】|【调整】|【色相/饱和度】命令，设置参数，如图8-135所示。

图8-135 修饰人物图像

STEP|09 设置"人物3"的【混合模式】为"柔光"，单击【添加图层蒙版】按钮，然后使用【画笔工具】进行涂抹，如图8-136所示。

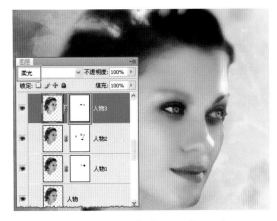

图8-136 修饰"人物3"图层

STEP|10 复制"人物2"图层并命名为"人物4"，执行【图像】|【调整】|【色相/饱和度】命令，设置参数，如图8-137所示。

STEP|11 设置"人物4"的【混合模式】为"强光"，不透明度为30%，如图8-138所示。

图8-137 调整头像颜色

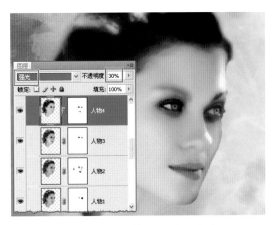

图8-138 修饰人物头像颜色

8.4.3 绘制眼睛

STEP|01 新建"眼珠"图层，使用【钢笔工具】绘制轮廓并转换为选区，填充黄色。然后执行【滤镜】|【杂色】|【添加杂色】命令，设置参数，如图8-139所示。

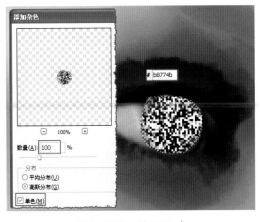

图8-139 绘制眼珠

STEP|02 执行【滤镜】|【模糊】|【径向模糊】命令，设置参数，如图8-140所示。

图8-140　修饰眼珠

注意

必须在保留眼珠选区的前提下，再执行【径向模糊】命令才能实现图8-140所示的效果。

STEP|03 执行【图像】|【调整】|【曲线】命令，在弹出的对话框中设置参数，如图8-141所示。

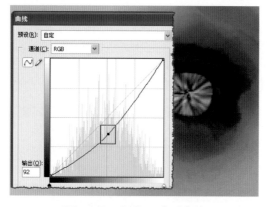

图8-141　调整眼珠的颜色

STEP|04 使用【钢笔工具】绘制轮廓并转换为选区，设置【羽化半径】为1像素，然后使用【线性渐变】绘制眼珠暗部颜色，如图8-142所示。

STEP|05 打开"眼珠"图层的【图层样式】对话框，启用"内发光"复选框，并设置参数，如图8-143所示。

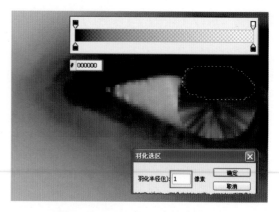

图8-142　绘制眼珠暗部颜色

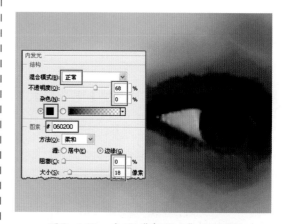

图8-143　启用"内发光"复选框

STEP|06 新建"眼白"图层，使用【钢笔工具】绘制轮廓并转换为选区，填充颜色，然后设置【混合模式】为"变暗"，使用【椭圆工具】绘制瞳孔选区，并填充黑色，如图8-144所示。

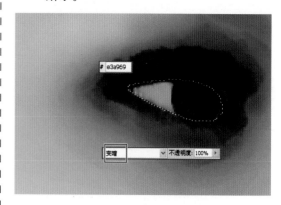

图8-144　绘制眼白和瞳孔

STEP|07 将"瞳孔"和"眼珠"图层进行合并并命名为"眼珠"图层,打开【色阶】对话框,设置参数,然后添加图层蒙版并进行涂抹,如图8-145所示。

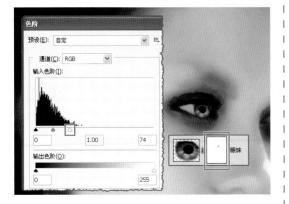

图8-145 修饰眼珠颜色

STEP|08 新建"暗部颜色"图层,使用【钢笔工具】绘制轮廓并转换为选区,填充颜色,然后设置【混合模式】为"颜色减淡",如图8-146所示。

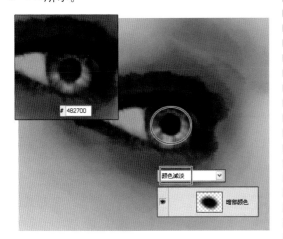

图8-146 绘制瞳孔纹理颜色

STEP|09 新建"高光"图层,使用【钢笔工具】绘制轮廓并转换为选区,填充白色,如图8-147所示。

STEP|10 新建"眼皮1"图层,使用【钢笔工具】绘制轮廓并填充颜色,然后设置【混合模式】为"饱和度",并新建图层蒙版进行修饰图像,如图8-148所示。

图8-147 绘制眼珠高光

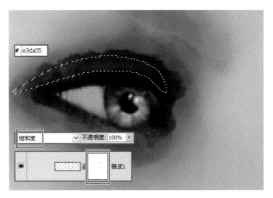

图8-148 绘制眼皮

STEP|11 使用上述方法绘制眼皮和眼袋的其他部分,如图8-149所示。

图8-149 绘制眼皮和眼袋

STEP|12 新建"眼睫毛"图层,使用【钢笔工具】绘制路径,选择【画笔工具】,打开【画笔】面板,调整参数,如图8-150所示。

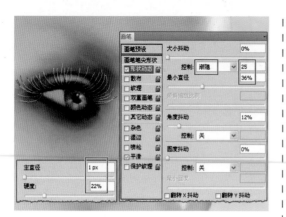

图8-150　调整【画笔】曲板中的参数

STEP|13　设置前景色为黑色，单击【用画笔描边路径】按钮 ⬤ ，如图8-151所示。

图8-151　绘制眼睫毛

STEP|14　复制几个"眼睫毛"图层，调整其不透明度和位置，如图8-152所示。

图8-152　修饰眼睫毛

STEP|15　使用上述方法绘制下眼睫毛，如图8-153所示。

图8-153　绘制下眼睫毛

8.4.4　绘制眉毛

STEP|01　使用【钢笔工具】 ✎ 绘制眉毛的轮廓，填充颜色，然后添加图层蒙版并使用【画笔工具】 ✎ 进行涂抹，如图8-154所示。

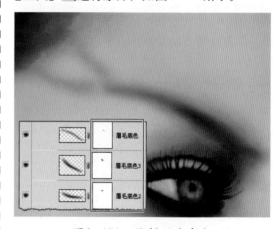

图8-154　绘制眉毛底色

STEP|02　使用绘制眼睫毛的方法，调整【画笔】中的参数，绘制几个笔触，如图8-155所示。

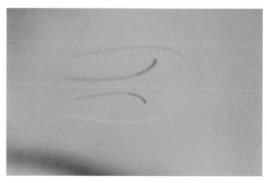

图8-155　绘制笔触

注意

在绘制笔触的过程中，必须要绘制一个亮颜色的笔触来绘制眉毛的高光部分。

STEP|03 根据眉毛的明暗关系排列笔触，如图8-156所示。

图8-156 绘制眉毛

STEP|04 使用上述方法绘制另一个眼睛和眉毛，如图8-157所示。

图8-157 绘制另一个眼睛和眉毛

8.4.5 绘制嘴巴和鼻子

STEP|01 使用【钢笔工具】绘制人物嘴部轮廓，将嘴部轮廓抠出，如图8-158所示。

STEP|02 将抠出的嘴部轮廓进行变形，如图8-159所示。

STEP|03 打开【色相/饱和度】对话框，设置参数，如图8-160所示。

STEP|04 使用【加深工具】修饰嘴部明暗关系，如图8-161所示。

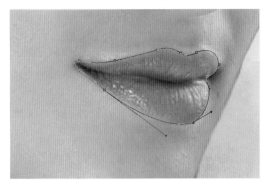

图8-158 抠出嘴部轮廓

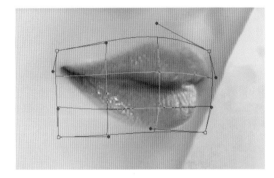

图8-159 变形嘴部轮廓

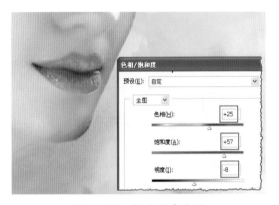

图8-160 调整嘴部颜色

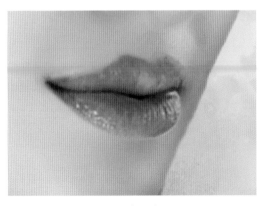

图8-161 修饰嘴部明暗关系

STEP|05 新建"上嘴唇"图层，使用【钢笔工具】 ✒️ 绘制上嘴唇轮廓并转换为选区，设置羽化半径为1像素，填充颜色，如图8-162所示。

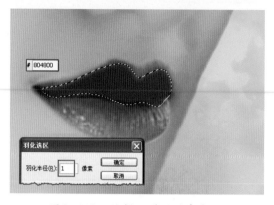

图8-162 绘制上嘴唇暗部颜色

STEP|06 设置上嘴唇的【混合模式】为"正片叠底"，并添加图层蒙版进行修改，如图8-163所示。

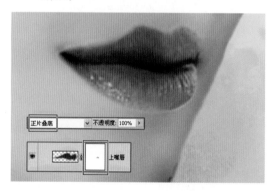

图8-163 添加上嘴唇暗部颜色

STEP|07 使用上述方法绘制嘴唇暗部的其他部分，如图8-164所示。

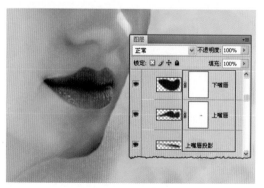

图8-164 绘制嘴唇暗部颜色

STEP|08 新建"鼻子阴影"图层，使用【椭圆选框工具】 ⬭ 绘制选区并填充颜色，然后添加

图层蒙版进行修改，如图8-165所示。

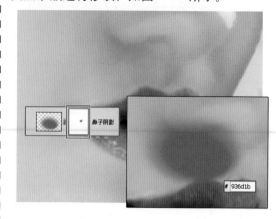

图8-165 添加鼻子阴影

STEP|09 新建"鼻孔"图层，使用【渐变工具】 ▬ 绘制鼻孔的暗部，如图8-166所示。

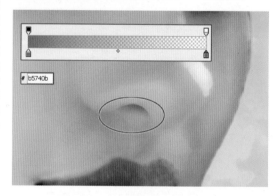

图8-166 绘制鼻孔暗部颜色

STEP|10 新建"鼻翼"图层，使用【钢笔工具】 ✒️ 绘制鼻翼暗部轮廓，然后转换为选区并填充颜色，如图8-167所示。

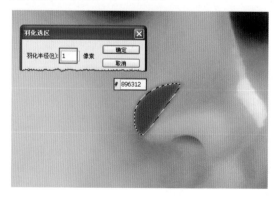

图8-167 绘制鼻翼暗部

STEP|11 设置"鼻翼"的不透明度为70%，并添加图层蒙版进行修改，如图8-168所示。

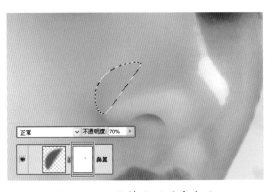

图8-168 修饰鼻翼暗部颜色

STEP|12 使用上述方法继续绘制鼻子其他部分的颜色，如图8-169所示。

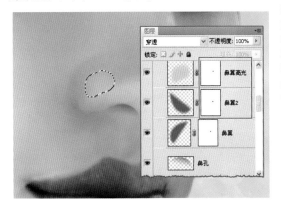

图8-169 绘制鼻子的其他部分

8.4.6 绘制脸部纹理

STEP|01 新建"眼影"图层，使用【钢笔工具】 绘制眼影轮廓，并添加图层蒙版修改眼影的虚实关系，如图8-170所示。

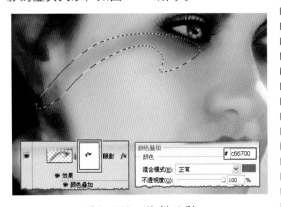

图8-170 绘制眼影

STEP|02 新建"眼影纹理"图层，使用【钢笔工具】 绘制眼影纹理轮廓，设置前景色为黑色，背景色为白色，执行【滤镜】|【渲染】|

【云彩】命令，然后执行【滤镜】|【艺术效果】|【调色刀】命令，如图8-171所示。

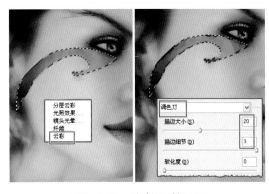

图8-171 绘制眼影纹理

STEP|03 执行【滤镜】|【风格化】|【照亮边缘】命令，然后打开【色相/饱和度】对话框，设置参数，如图8-172所示。

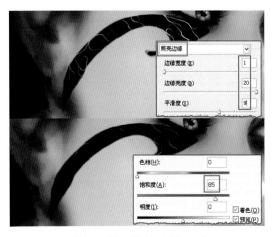

图8-172 绘制眼影纹理

STEP|04 设置【混合模式】为"颜色减淡"，并添加图层蒙版进行修改，如图8-173所示。

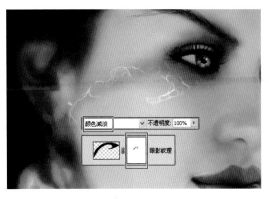

图8-173 修饰眼影

STEP|05 使用上述方法继续绘制脸部纹理，如图8-174所示。

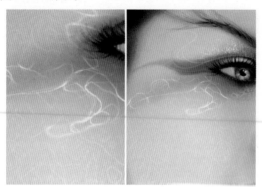

图8-174 绘制脸部纹理

STEP|06 选择【画笔工具】，打开【画笔】面板，选择合适笔触，如图8-175所示。

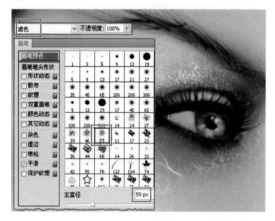

图8-175 绘制眼影细节

8.4.7 绘制头发纹理

STEP|01 新建"头发背景"图层，使用【钢笔工具】绘制轮廓并转换为选区，填充颜色，然后添加图层蒙版进行修改，如图8-176所示。

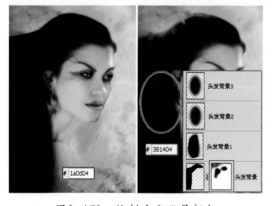

图8-176 绘制头发背景颜色

STEP|02 新建"柔光"图层，填充白色，设置前景色和背景色，执行【滤镜】|【渲染】|【分层云彩】命令，按Ctrl+F快捷键4～6次，并添加图层蒙版进行修改，如图8-177所示。

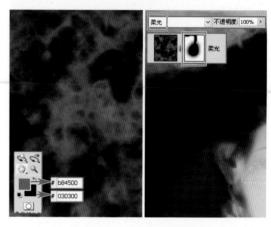

图8-177 修饰头发背景

STEP|03 使用上述方法绘制头发背景的其他部分，如图8-178所示。

图8-178 修饰头发背景颜色

STEP|04 使用绘制眼睫毛的方法继续绘制人物头发，在【画笔】面板中选择合适笔触，如图8-179所示。

STEP|05 添加素材图片"肌理6"、"肌理5"，分别设置【混合模式】选项，并添加图层蒙版进行修改，如图8-180所示。

STEP|06 使用上述方法绘制背景的其他纹理，如图8-181所示。

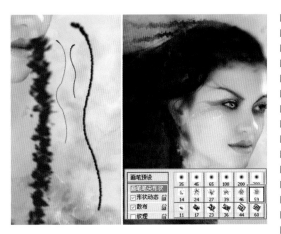

图8-179 绘制头发

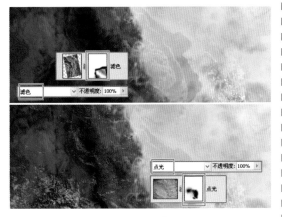

图8-180 修饰背景

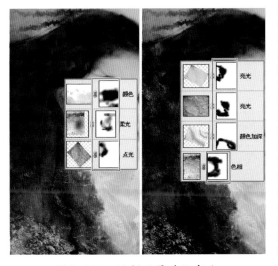

图8-181 绘制背景其他部分

8.4.8 绘制头饰

STEP|01 新建"绳"图层，使用【钢笔工具】绘制路径，单击【用画笔描边路径】按钮

，然后打开【图层样式】对话框，设置参数，如图8-182所示。

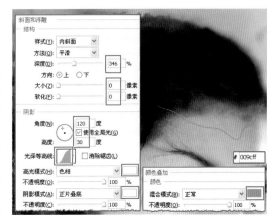

图8-182 绘制头饰

STEP|02 启用【外发光】复选框，设置参数，如图8-183所示。

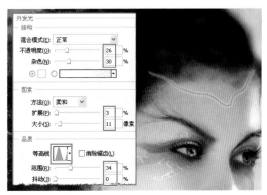

图8-183 修饰头饰

STEP|03 在"绳"图层上方新建一个图层，并选中"绳"和新图层进行合并，然后添加图层蒙版和投影进行修改，如图8-184所示。

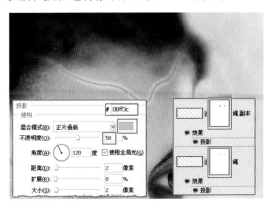

图8-184 修饰头饰

STEP|04 使用相同方法绘制其他两根，如图8-185所示。

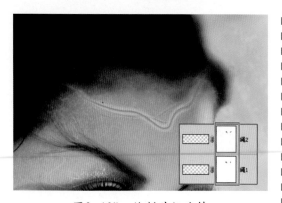

图8-185　绘制其他头饰

STEP|05 新建"宝石"图层，使用【钢笔工具】 绘制宝石轮廓并填充颜色，打开【图层样式】对话框，设置参数，如图8-186所示。

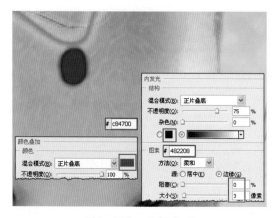

图8-186　绘制宝石

STEP|06 启用【斜面和浮雕】和【渐变叠加】复选框，设置参数，如图8-187所示。

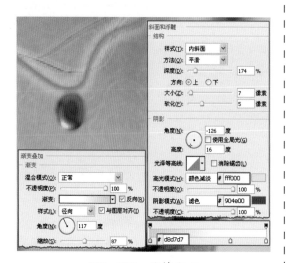

图8-187　修饰宝石

STEP|07 使用上述方法绘制宝石的其他部分，如图8-188所示。

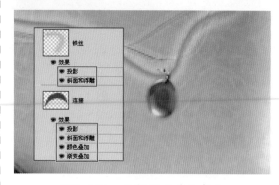

图8-188　绘制宝石其他部分

STEP|08 使用【钢笔工具】 绘制宝石投影，如图8-189所示。

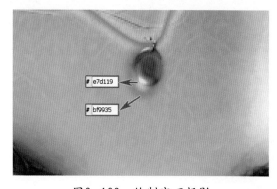

图8-189　绘制宝石投影

STEP|09 添加"鱼"和"水珠"素材，并设置【混合模式】为"强光"，设置水珠的【混合模式】为"叠加"，如图8-190所示。

图8-190　添加"鱼"和"水珠"

图像合成艺术特效表现

　　随着生活水平和商业化水平的提高，人们所追求的艺术层次也越来越高，图像合成艺术在现代设计领域中迅速地发展了起来。图像处理是在已有的素材基础上进行修改或艺术再加工，组合成另一种截然不同的艺术感觉。

　　本章主要以具体实例来讲述图像合成的技巧与方法。把不同的图像、不同的颜色进行转变与合成，可营造出无与伦比的艺术视觉特效。

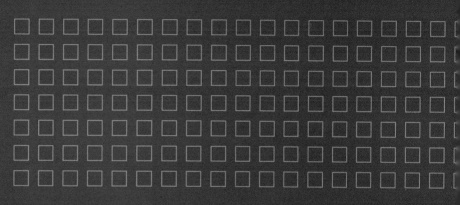

9.1 水人特效

　　本实例是将一个素材人物转换成运动的水人视觉特效，如图9-1所示。通过添加素材对图像进行仔细地修饰，绘制出一个美轮美奂的视觉特效。

　　在绘制过程中，主要使用【滤镜】中的【塑料包装】命令绘制图像的主体人物，然后使用【混合模式】中的选项调整水与水人之间的联系，并使用【添加图层蒙版】按钮对图像进行仔细的修改。

图9-1　最终效果图

9.1.1　绘制人物特效

STEP|01　新建一个文档，设置大小为1600×1200像素，分辨率为300像素/英寸，颜色模式为RGB。

STEP|02　添加人物素材，调整角度，如图9-2所示。

图9-2　添加素材

STEP|03　复制一层，执行【滤镜】|【艺术效果】|【塑料包装】命令，设置参数，如图9-3所示。

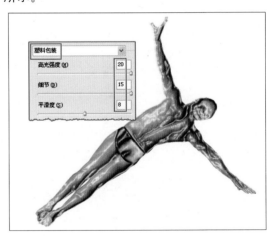

图9-3　执行【塑料包装】命令

STEP|04　执行【图像】|【调整】|【渐变映射】命令，设置参数，如图9-4所示。

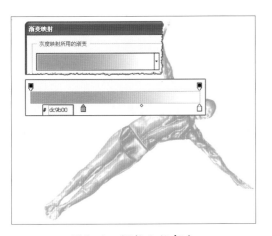

图9-4　调整人物颜色

STEP|05 打开【色阶】对话框，设置参数，如图9-5所示。

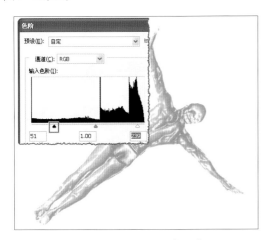

图9-5　增加人物对比度

STEP|06 打开【曲线】对话框，设置参数，如图9-6所示。

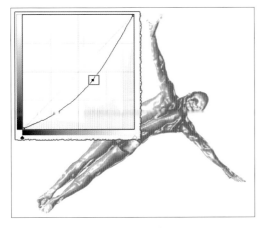

图9-6　调整颜色

STEP|07 添加素材，调整位置和大小，如图9-7所示。

图9-7　添加素材

9.1.2　修饰背景

STEP|01 添加"水"素材，打开【色相/饱和度】对话框，设置参数，如图9-8所示。

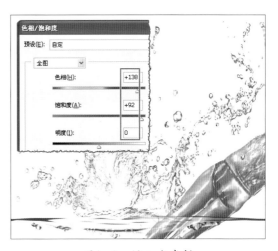

图9-8　添加水素材

STEP|02 复制"水"素材，使用【自由变换】命令调整水的走向，并添加图层蒙版进行修改，如图9-9所示。

STEP|03 复制"水1"图层，并向下移一层，设置混合模式和不透明度，如图9-10所示。

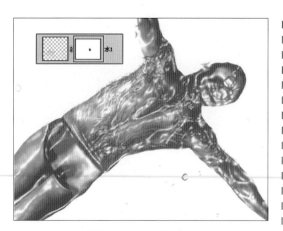

图9-9　添加水纹理

图9-12　添加水珠

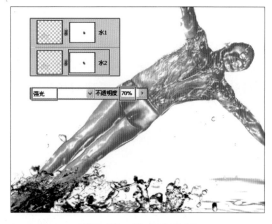

图9-10　添加水纹理

STEP|04 使用上述方法添加其他水纹理，如图9-11所示。

STEP|06 使用【钢笔工具】绘制轮廓，然后使用【径向渐变】绘制背景，如图9-13所示。

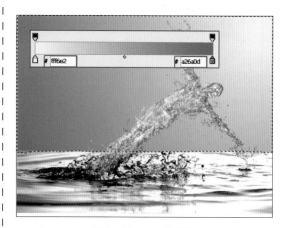

图9-13　绘制背景

图9-11　添加水纹理

STEP|05 添加"水珠"素材，调整其位置和大小，并使用上述方法继续调整水珠的颜色，如图9-12所示。

STEP|07 执行【滤镜】|【渲染】|【镜头光晕】命令，设置参数，如图9-14所示。

图9-14　添加光照效果

9.2 炫丽星空

本实例是一个肉眼观察不到的宇宙世界效果图，如图9-15所示。绚丽的星空与星系融合在一起，显示了地球以外的另一种浩瀚无边的空旷世界。即将亮出光芒的星球与散发着红色火焰的星系共同打造了一种令人遐想的世界。

在绘制过程中，主要使用【滤镜】中的各种命令绘制变化无常的星空背景，并使用【混合模式】糅合了各种不同颜色之间的变化。

图9-15 最终效果图

9.2.1 绘制背景

STEP|01 新建一个文档，设置大小为1600×1200像素，分辨率为300像素/英寸，颜色模式为RGB。

STEP|02 新建图层，填充黑色，执行【滤镜】|【杂色】|【添加杂色】命令，如图9-16所示。

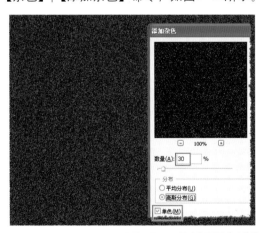

图9-16 添加杂色

STEP|03 打开【色阶】对话框，设置参数，如图9-17所示。

STEP|04 新建"紫色"图层，填充为黑色，设置前景色和背景色，执行【滤镜】|【渲染】|【分层云彩】命令，按Ctrl+F快捷键重复此命令4~6次，如图9-18所示。

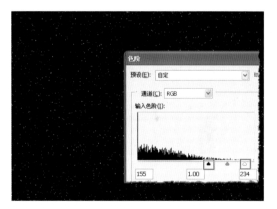

图9-17 执行【色阶】命令

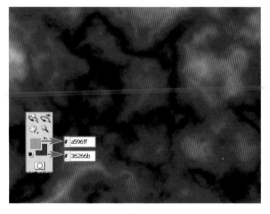

图9-18 绘制分层云彩效果

STEP|05 打开【图层样式】对话框，设置参数，如图9-19所示。

图9-19 设置【图层样式】参数

STEP|06 选择"紫色"图层，单击【添加图层蒙版】按钮 ，如图9-20所示。

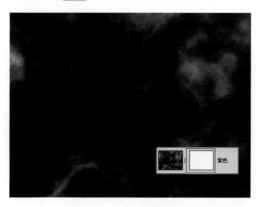

图9-20 绘制紫色云层

STEP|07 设置【混合模式】为"滤色"，使用【画笔工具】 在蒙版上进行涂抹，如图9-21所示。

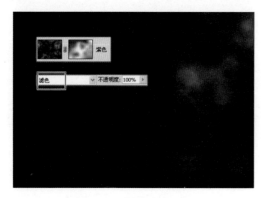

图9-21 修饰紫色云层

STEP|08 使用上述方法绘制蓝色云层，如图9-22所示。

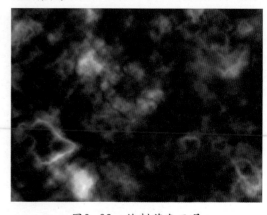

图9-22 绘制蓝色云层

STEP|09 设置蓝色云层的【混合模式】为"滤色"，并添加图层蒙版进行修改，如图9-23所示。

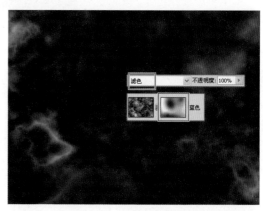

图9-23 绘制蓝色云层

STEP|10 使用上述方法再绘制一个蓝色云层，并在【图层样式】对话框中设置参数，如图9-24所示。

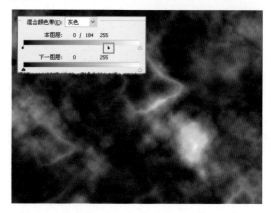

图9-24 绘制蓝色云层

STEP|11 设置【混合模式】为"滤色"，添加图层蒙版进行修改，如图9-25所示。

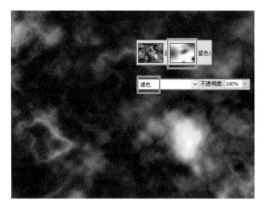

图9-25 修饰蓝色云层

STEP|12 新建"图层5"图层，使用上述方法继续绘制云层，如图9-26所示。

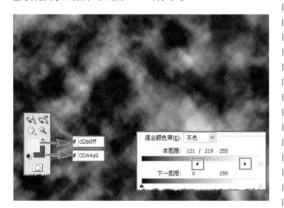

图9-26 绘制云层

9.2.2 绘制星系

STEP|01 执行【滤镜】|【扭曲】|【旋转扭曲】命令，设置参数，如图9-27所示。

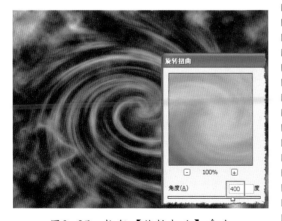

图9-27 执行【旋转扭曲】命令

STEP|02 使用【自由变换】命令调整图像，设置【混合模式】为"滤色"，并添加图层蒙版进行修改，如图9-28所示。

图9-28 修饰旋转云层

STEP|03 复制"图层5"，如图9-29所示。

图9-29 强化旋转云彩

STEP|04 新建"星光"图层，使用【椭圆选框工具】绘制椭圆填充白色，打开【图层样式】对话框，设置参数，如图9-30所示。

STEP|05 在"星光"图层上方新建图层，并同时选择这两个图层进行合并，然后使用【自由变换】命令调整"星光"，如图9-31所示。

STEP|06 新建图层，使用【钢笔工具】绘制轮廓并转换为选区，设置【羽化半径】为4像素，填充白色，如图9-32所示。

图9-30 绘制旋转云层的星光

图9-31 调整星光

图9-32 绘制光线

STEP|07 设置【混合模式】为"叠加",然后添加图层蒙版进行修改,如图9-33所示。

STEP|08 多复制几层光线,并使用【自由变换】命令进行调整,如图9-34所示。

图9-33 调整光线

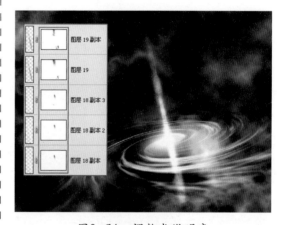

图9-34 调整光线明度

9.2.3 绘制绚丽星球

STEP|01 使用绘制蓝色云层的方法绘制红色云层,效果如图9-35所示。

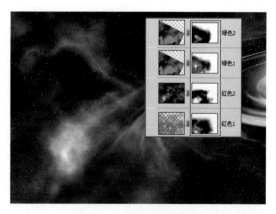

图9-35 绘制红色云层

STEP|02 新建图层,使用【椭圆选框工具】○绘制正圆填充白色,启用"外发光"复选框,如图9-36所示。

图9-36 绘制星球

STEP|03 新建"星球"图层,使用【椭圆选框工具】○绘制正圆并填充黑色,启用"外发光"复选框,设置参数,如图9-37所示。

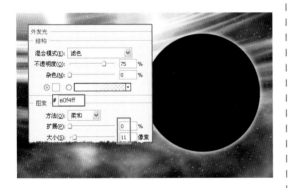

图9-37 绘制星球

STEP|04 在"星球"上方新建图层,并同时选中这两个图层进行合并,添加图层蒙版进行修改,如图9-38所示。

图9-38 修饰星球

STEP|05 新建一个文档,设置大小为600×600像素,分辨率为300像素/英寸,打开素材并拖进新文档中,如图9-39所示。

图9-39 新建文档

STEP|06 使用【椭圆选框工具】○绘制正圆并删除多余图像,然后按Ctrl+A快捷键全选画布,单击【垂直居中对齐】按钮,和【水平垂直对齐】按钮,如图9-40所示。

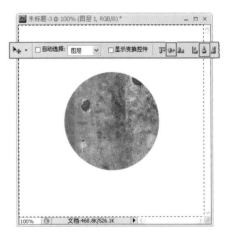

图9-40 绘制正圆纹理

STEP|07 执行【滤镜】|【扭曲】|【球面化】命令,设置参数,如图9-41所示。

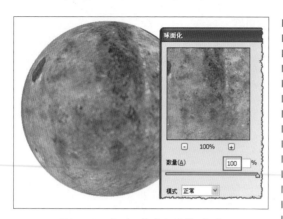

图9-41 执行【球面化】命令

STEP|08 将绘制的球体纹理拖进原始文档中，然后新建图层，使用【椭圆选框工具】◯绘制正圆并填充黑色，并添加图层蒙版进行修改，如图9-42所示。

图9-42 修饰星球

STEP|09 新建图层，使用【钢笔工具】◢绘制轮廓，然后使用【线性渐变】▨绘制渐变效果，如图9-43所示。

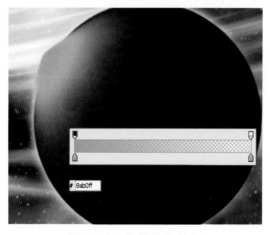

图9-43 绘制星球高光

STEP|10 设置【混合模式】为"颜色减淡"，如图9-44所示。

图9-44 调整星球高光

STEP|11 使用上述方法绘制另一组星球的高光，如图9-45所示。

图9-45 绘制星球高光

STEP|12 使用上述的方法绘制另一组暗色调的星球，如图9-46所示。

图9-46 绘制另一组星球

STEP|13 新建一个图层，填充黑色，执行【滤镜】|【渲染】|【镜头光晕】命令，如图9-47所示。

图9-47 绘制光晕效果

STEP|14 设置【混合模式】为"滤色"，并使用上述方法绘制其他光晕，如图9-48所示。

图9-48 绘制其他光晕

9.3 沙壁城市合成特效

本案例是一个沙壁城市合成特效，如图 9-49 所示。通过对古代建筑与峭壁岩石的合成处理，绘制出戈壁残垣的陡崖峭壁上残留着古罗马文明。

在绘制过程中，使用【添加图层蒙版】按钮 与【画笔工具】 相结合绘制出图像的主体轮廓，并使用【混合模式】中的选项对建筑物与峭壁进行合成处理，最后使用【添加图层蒙版】按钮修饰图像的细节部分。

图9-49 最终效果图

9.3.1 修饰背景

STEP|01 新建一个文档，设置大小为 1200×1600像素，分辨率为300像素/英寸，颜色模式为RGB。

STEP|02 打开素材，调整大小，单击【添加图层蒙版】按钮 ▣ ，添加图层蒙版，如图9-50所示。

图9-50 添加图层蒙版

STEP|03 设置前景色为黑色，选择【画笔工具】 ✐ 在蒙版上进行涂抹，如图9-51所示。

图9-51 修改素材图片

STEP|04 添加天空素材，调整位置和大小，如图9-52所示。

STEP|05 新建图层，填充黑色，然后执行【滤镜】|【杂色】|【添加杂色】命令，如图9-53所示。

STEP|06 执行【自由变换】命令，调整杂色图层的大小，如图9-54所示。

图9-52 添加天空素材

图9-53 添加杂色

图9-54 调整图像大小

STEP|07 执行【滤镜】|【模糊】|【动感模糊】命令，如图9-55所示。

STEP|08 打开【色阶】对话框，设置参数，如图9-56所示。

图9-55　执行【动感模糊】命令

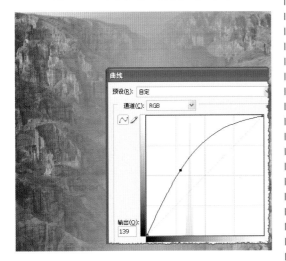

图9-56　调整光线明度

STEP|09　调整光线的大小和位置，如图9-57所示。

图9-57　调整光线

STEP|10　设置【混合模式】为"叠加"，如图9-58所示。

图9-58　设置混合模式

STEP|11　单击【添加图层蒙版】按钮，添加图层蒙版，并使用【画笔工具】进行涂抹，如图9-59所示。

图9-59　修饰光线

9.3.2　绘制流水效果

STEP|01　添加"瀑布"素材，打开【色相/饱和度】对话框，设置参数，如图9-60所示。

图9-60　调整素材颜色

STEP|02 使用【自由变换】命令，调整位置和大小，设置【混合模式】为"滤色"，如图9-61所示。

图9-61 变换瀑布

STEP|03 添加图层蒙版进行修改，如图9-62所示。

图9-62 添加图层蒙版

STEP|04 添加"水"素材，调整位置和大小，并设置【混合模式】为"滤色"，如图9-63所示。

图9-63 绘制积水

STEP|05 添加图层蒙版进行修改积水的边缘，如图9-64所示。

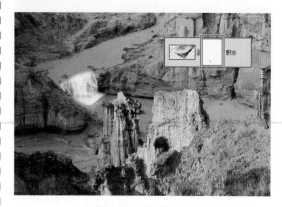

图9-64 修改积水

STEP|06 复制"瀑布"图层，执行【编辑】|【变换】|【变形】命令，调整图像，如图9-65所示。

图9-65 执行【变形】命令

STEP|07 设置【混合模式】为"滤色"，并添加图层蒙版进行修改，如图9-66所示。

图9-66 绘制流水效果

STEP|08 使用上述方法绘制河流的其他水流，如图9-67所示。

图9-67 绘制河流

9.3.3 绘制峭壁城市效果

STEP|01 添加素材，调整位置和大小，如图9-68所示。

图9-68 添加素材

STEP|02 设置【混合模式】为"深色"，如图9-69所示。

STEP|03 添加图层蒙版进行修改，如图9-70所示。

图9-69 调整素材

图9-70 添加图层蒙版

STEP|04 使用上述方法绘制另一组建筑，如图9-71所示。

图9-71 添加另一组建筑

STEP|05 添加素材，设置【混合模式】为"强光"，然后添加图层蒙版进行修饰，如图9-72所示。

图9-72 添加亮部建筑

STEP|06 使用上述方法绘制其他建筑，如图9-73所示。

图9-73 添加其他建筑物

9.4 蜗牛合成特效

本实例是一个蜗牛与大海的合成特效，如图9-74所示。合成特效图像的主要特点就是给人一种意想不到的效果，很显然，蜗牛的生活场景与大海是一个截然不同的生存环境，两者的结合也恰恰符合视觉特效的要求与表达意图。

在绘制过程中，主要使用【混合模式】中的选项调整海水之间的联系，并重复使用【自由变换】命令调整素材的角度与大小，最主要的是使用【添加图层蒙版】按钮修饰图像的细节部分。

图9-74 最终效果图

9.4.1 绘制主体图像

STEP|01 新建一个文档，设置大小为1200×1600像素，分辨率为300像素/英寸，颜色模式为RGB。

STEP|02 添加"蜗牛"素材，添加图层蒙版进行修改，如图9-75所示。

图9-75 添加素材

STEP|03 添加"背景"素材，调整位置和大小，如图9-76所示。

图9-76 添加素材

9.4.2 绘制海水

STEP|01 添加"浪花1"素材，并使用【自由变换】命令进行调整，如图9-77所示。

STEP|02 单击【添加图层蒙版】按钮 ▣，并使用【画笔工具】 ✎ 进行涂抹，如图9-78所示。

图9-77 调整图像

图9-78 绘制浪花

STEP|03 复制"浪花"图层，命名为"浪花1"图层，设置【混合模式】为"滤色"，如图9-79所示。

图9-79 修饰浪花

STEP|04 添加"浪花2"素材，使用【自由变换】命令进行调整，如图9-80所示。

图9-80　添加素材

STEP|05 添加图层蒙版进行修改，然后设置【混合模式】为"深色"，如图9-81所示。

图9-81　修饰浪花

STEP|06 复制"浪花2"并调整位置，设置【混合模式】为"强光"，如图9-82所示。

图9-82　添加浪花高光

STEP|07 在"浪花和蜗牛"组下方新建一个组并命名为"浪花底色"，如图9-83所示。

图9-83　新建一个组

STEP|08 将"浪花背景"素材拖进"浪花底色"组里，并调整其位置和大小，如图9-84所示。

图9-84　添加素材

STEP|09 添加图层蒙版进行修改，如图9-85所示。

图9-85　添加浪花背景

STEP|10 在"浪花底色"组里继续添加"浪花背景1"素材，设置【混合模式】为"滤色"，如图9-86所示。

图9-86　添加素材

STEP|11 添加图层蒙版进行修改，如图9-87所示。

图9-87　添加图层蒙版

STEP|12 添加"浪花背景2"素材，调整位置和大小，如图9-88所示。

图9-88　添加素材

STEP|13 设置【混合模式】为"颜色加深"，并添加图层蒙版进行修改，如图9-89所示。

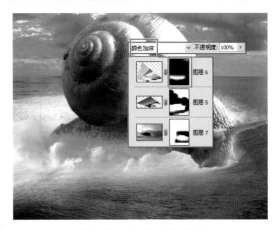

图9-89　修饰浪花背景

STEP|14 添加"水珠"素材，调整大小，如图9-90所示。

图9-90　添加水珠素材

STEP|15 设置【混合模式】为"线性减淡（添加）"，如图9-91所示。

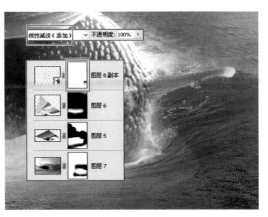

图9-91　修饰水珠

STEP|16 使用上述方法绘制其他水珠，如图9-92所示。

图9-92　绘制其他水珠

STEP|17 在"浪花和蜗牛"组上方新建"水珠"组，并使用上述方法添加水珠，如图9-93所示。

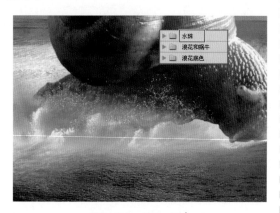

图9-93　添加水珠

9.4.3　合成图像

STEP|01 打开"建筑"素材，调整大小和位置，如图9-94所示。

STEP|02 添加图层蒙版，抠出建筑物，如图9-95所示。

STEP|03 新建图层，使用【椭圆选框工具】○绘制一个正圆并填充黑色，打开【图层样式】对话框，设置参数，如图9-96所示。

图9-94　添加建筑物

图9-95　抠取建筑物

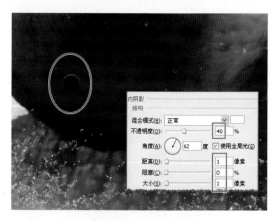

图9-96　绘制正圆

STEP|04 使用相同方法绘制其他两个，如图9-97所示。

STEP|05 添加"船桨"素材，设置混合模式和不透明度，添加图层蒙版进行修改，如图9-98所示。

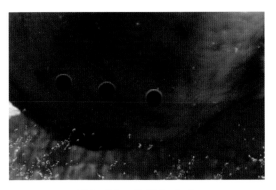

图9-97 绘制船桨孔

图9-98 添加船桨

STEP|06 添加"草地"素材,单击"图层14副本3"缩览框生成选区,如图9-99所示。

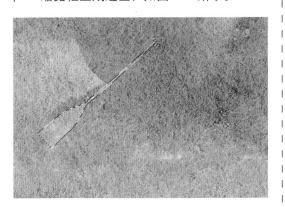

图9-99 添加素材

STEP|07 设置混合模式和不透明度,然后添加图层蒙版进行修改,如图9-100所示。

STEP|08 使用上述方法添加其他船桨,如图9-101所示。

图9-100 修饰船桨纹理

图9-101 添加其他船桨

STEP|09 添加"图案"素材,设置【混合模式】为"浅色",不透明度为70%,如图9-102所示。

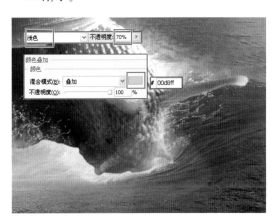

图9-102 添加蜗牛纹身

STEP|10 添加"草地"素材,设置【混合模式】为"叠加",如图9-103所示。

图9-103　添加素材

STEP|11 添加图层蒙版进行修改，如图9-104
所示。

图9-104　修饰图像纹理

STEP|12 添加"窗户"素材，调整位置和大
小，添加图层蒙版进行修改，如图9-105所示。

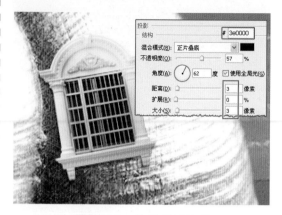

图9-105　添加窗户

STEP|13 打开【图层样式】对话框，启用"投
影"复选框，设置参数，如图9-106所示。

图9-106　绘制投影效果

STEP|14 添加其他植物素材，如图9-107
所示。

图9-107　添加素材

STEP|15 添加"云层"并分别设置不透明度，
如图9-108所示。

图9-108　添加云彩

9.5 森林天使合成特效

PHOTOSHOP

本案例是一个森林天使合成特效图像,如图9-109所示,淡淡的阳光下焕发出天使般的光晕,神奇而又遥远。

在绘制过程中主要使用【钢笔工具】抠出主体人物,使用【调整】菜单中的【色相/饱和度】命令去调整人物的整体颜色,并使用【混合模式】中的选项调整不同图像之间的色彩关系。

图9-109 最终效果图

9.5.1 绘制主体人物

STEP|01 新建一个文档,设置大小为1600×1200像素,分辨率为300像素/英寸,颜色模式为RGB。

STEP|02 打开人物素材,先使用【仿制图章工具】修掉坐着的人物,然后再使用【修补工具】修掉衣服上的皮肤,如图9-110所示。

图9-110 修改人物图像

STEP|03 使用【钢笔工具】绘制路径,将人物抠出,并拖进新文档中命名为"人物"图层,然后添加背景素材,如图9-111所示。

图9-111 抠出图像

STEP|04 执行【编辑】|【变换】|【水平翻转】命令并复制一层命名为"人物1",然后打开【色阶】对话框,设置参数,如图9-112所示。

STEP|05 选择"人物1"图层,使用【钢笔工具】抠出人物的皮肤轮廓并转换为选区,羽化选区,按Ctrl+J快捷键复制选区内的图像,如图9-113所示。

图9-112 调整人物图层

STEP|07 执行【滤镜】|【模糊】|【高斯模糊】命令，设置参数，如图9-115所示。

图9-115 执行【高斯模糊】命令

图9-113 抠取人物皮肤部分

STEP|06 打开【曲线】对话框，设置参数，如图9-114所示。

STEP|08 设置混合模式和不透明度，添加图层蒙版进行修改，如图9-116所示。

图9-116 修饰皮肤

STEP|09 使用【钢笔工具】绘制轮廓，并羽化选区，如图9-117所示。

图9-114 修饰人物皮肤

图9-117 绘制衣服路径

STEP|10　打开【色相/饱和度】对话框，设置参数，如图9-118所示。

图9-118　调整衣服颜色

STEP|11　打开【曲线】对话框，设置参数，如图9-119所示。

图9-119　调整衣服颜色

STEP|12　选择"人物"图层，打开【图层样式】对话框，启用"外发光"复选框，如图9-120所示。

STEP|13　在"人物"图层上方新建图层，并同时选中这两图层进行合并，然后添加图层蒙版进行修改，如图9-121所示。

STEP|14　新建图层，使用【钢笔工具】绘制投影轮廓，设置混合模式，然后添加图层蒙版进行修改，如图9-122所示。

图9-120　添加外发光效果

图9-121　修饰人物的外发光

图9-122　添加投影

9.5.2　添加背景素材

STEP|01　添加石头路素材，设置混合模式，添加图层蒙版进行修改，如图9-123所示。

图9-123　添加石头路

STEP|02　添加人物素材，设置【混合模式】为
"强光"，如图9-124所示。

图9-124　添加人物素材

STEP|03　添加图层蒙版进行修改，如图9-125
所示。

图9-125　修改图像

STEP|04　添加"草"素材，设置【混合模式】
为"正片叠底"，然后添加图层蒙版进行修

改，如图9-126所示。

图9-126　添加草素材

9.5.3　添加人物翅膀

STEP|01　添加人物的翅膀，使用【自由变换】
命令调整大小和角度，如图9-127所示。

图9-127　添加翅膀

STEP|02　将翅膀图层进行合并，然后使用调
整衣服的方法调整翅膀的颜色，如图9-128
所示。

图9-128　调整翅膀颜色

STEP|03 打开【图层样式】对话框，启用【外发光】复选框，如图9-129所示。

图9-129 添加外发光效果

STEP|04 新建图层，使用【椭圆选框工具】
绘制选区并填充白色，并启用"外发光"复选框，如图9-130所示。

图9-130 绘制人物细节

STEP|05 添加"小天使"素材图片，启用"外发光"复选框，如图9-131所示。

图9-131 添加小天使

STEP|06 打开【画笔】面板，设置参数，如图9-132所示。

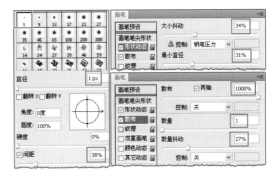

图9-132 设置画笔参数

STEP|07 新建图层，使用【画笔工具】绘制星光，如图9-133所示。

图9-133 绘制星光

9.5.4 绘制光线

STEP|01 新建图层，使用【钢笔工具】绘制轮廓，并使用【线性渐变】绘制渐变效果，如图9-134所示。

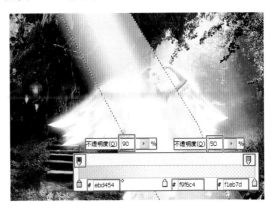

图9-134 绘制光线

STEP|02 设置【混合模式】为"强光"，不透明度为50%，并添加图层蒙版进行修改，如图9-135所示。

STEP|03 使用上述方法绘制其他光线，如图9-136所示。

图9-135　绘制光线

图9-136　添加光线

9.6　人龙大战

　　本案例是一个游戏场景，如图 9-137 所示。在网络飞速发展的时代，游戏也逐渐成为青年人们的娱乐主体，因此这也刺激了国内游戏的发展。游戏的种类多种多样，游戏的手段也各不相同，随着软件的开发与升级，游戏的质量也在不断地提升，场景也越来越真实。在本实例的游戏场景中，龙在与人的较量中更为激烈与残酷，所以以龙与人为游戏主题，会使游戏更加具有吸引力。

　　在绘制本实例的过程中，主要使用【混合模式】中的选项对不同的素材进行叠加与融合，并添加图层蒙版对图像中的场景进行仔细的修饰。

图9-137　最终效果图

9.6.1 绘制背景

STEP|01 新建一个文档，设置大小为1600×1200像素，分辨率为300像素/英寸，颜色模式为RGB。

STEP|02 添加"森林"素材，调整位置和大小，并复制一层命名为"森林1"图层，如图9-138所示。

图9-138 添加背景素材

STEP|03 选择"森林1"图层，打开【色相/饱和度】对话框，设置参数，如图9-139所示。

图9-139 调整森林颜色

STEP|04 设置【混合模式】为"变亮"，单击【添加图层蒙版】按钮，然后使用【画笔工具】进行修改，如图9-140所示。

STEP|05 添加"牛皮纸"素材，调整大小，如图9-141所示。

图9-140 修饰背景图片

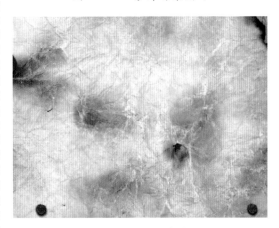

图9-141 添加牛皮纸

STEP|06 设置【混合模式】为"正片叠底"，不透明度为70%，如图9-142所示。

图9-142 修饰背景

STEP|07 添加"草地"素材，使用【自由变换】命令调整图像，如图9-143所示。

图9-143　添加素材

STEP|08　设置【混合模式】为"变暗"，添加图层蒙版进行修改，如图9-144所示。

图9-144　修饰草地

STEP|09　使用上述方法添加其他草地，如图9-145所示。

图9-145　添加草地

9.6.2　添加主体

STEP|01　添加"老虎"素材，调整大小，打开【图层样式】对话框，启用"外发光"复选框，如图9-146所示。

图9-146　添加老虎素材

STEP|02　添加"翅膀"素材，调整位置和大小，如图9-147所示。

图9-147　添加翅膀

STEP|03　打开【色相/饱和度】对话框，设置参数，如图9-148所示。

图9-148　调整翅膀颜色

STEP|04　打开【色阶】对话框，设置参数，如图9-149所示。

图9-149　增加翅膀对比度

STEP|05　使用上述方法绘制另一只翅膀，并启用"外发光"复选框，如图9-150所示。

图9-150　修饰翅膀

STEP|06　打开素材图片，使用【钢笔工具】将人物抠出，如图9-151所示。

图9-151　添加人物素材

STEP|07　使用【钢笔工具】绘制路径并转换为选区，设置【羽化半径】值为3，填充颜色，如图9-152所示。

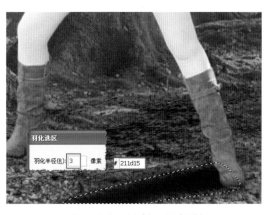

图9-152　绘制人物投影

STEP|08　设置【混合模式】为"柔光"，如图9-153所示。

图9-153　绘制人物投影

STEP|09　使用上述方法绘制其他投影，如图9-154所示。

图9-154　绘制投影

STEP|10　添加"龙"素材，调整位置和大小，启用【外发光】复选框，设置参数，如图9-155所示。

图9-155 添加龙

STEP|11 新建图层，使用【钢笔工具】 ✒ 绘制眼睛轮廓并填充颜色，设置【混合模式】为"柔光"，如图9-156所示。

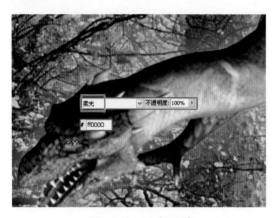

图9-156 绘制眼睛

STEP|12 新建图层，单击"龙"图层的缩览框，生成选区并填充颜色，如图9-157所示。

图9-157 修饰飞龙颜色

STEP|13 设置【混合模式】为"叠加"，打开【图层样式】对话框，设置参数，并添加图层

蒙版进行修改，如图9-158所示。

图9-158 修饰龙颜色

9.6.3 绘制人物特效

STEP|01 新建图层，单击"人物"图层缩览框，生成选区并填充颜色，如图9-159所示。

图9-159 修饰人物颜色

STEP|02 设置【混合模式】为"叠加"，并添加图层蒙版调整人物颜色，如图9-160所示。

图9-160 调整人物颜色

STEP|03 使用上述方法添加红色，如图9-161所示。

图9-161 添加红色

STEP|04 添加素材，调整位置和大小，设置【混合模式】为"强光"，如图9-162所示。

图9-162 添加人物伤痕

STEP|05 添加图层蒙版进行修改，如图9-163所示。

图9-163 修饰人物伤痕

STEP|06 使用上述方法绘制人物其他部位的伤痕，如图9-164所示。

图9-164 绘制人物伤痕

9.6.4 绘制火焰效果

STEP|01 打开"火焰"素材，调整位置和大小，如图9-165所示。

图9-165 添加火焰素材

STEP|02 设置【混合模式】为"浅色"，并添加图层蒙版进行修改，如图9-166所示。

图9-166 修饰火焰

STEP|03 添加其他素材，调整位置和大小，如图9-167所示。

图9-167 添加素材

STEP|04 添加素材，调整位置和大小，如图9-108所示。

图9-168 添加素材

STEP|05 设置【混合模式】为"线性减淡（添加）"，如图9-169所示。

图9-169 修饰火焰

STEP|06 使用上述方法添加其他火焰素材并进行调整，如图9-170所示。

STEP|07 使用【钢笔工具】 绘制轮廓，并转换为选区填充颜色，设置【混合模式】为"叠加"，然后添加图层蒙版进行修改，如图9-171所示。

图9-170 添加其他素材

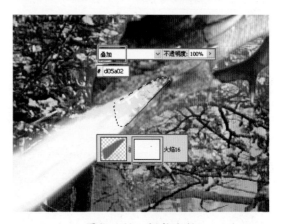

图9-171 调整火焰

STEP|08 使用上述方法绘制火焰的其他部位，如图9-172所示。

图9-172 修饰火焰

9.6.5 修饰飞龙

STEP|01 添加素材，使用【自由变换】命令进行调整，然后添加图层蒙版进行修改，如图9-173所示。

图9-173 添加素材

STEP|02 单击"图层 3 副本"缩览框生成选区，并填充黑色，设置不透明度为30%，如图9-174所示。

图9-174 绘制龙的投影

STEP|03 添加图层蒙版修饰投影，如图9-175所示。

图9-175 修饰投影

STEP|04 使用上述方法绘制另一个投影，如图9-176所示。

图9-176 添加投影

STEP|05 添加纹理素材，设置【混合模式】为"柔光"，如图9-177所示。

图9-177 添加纹理

STEP|06 添加图层蒙版进行修改，如图9-178所示。

图9-178 修饰纹理

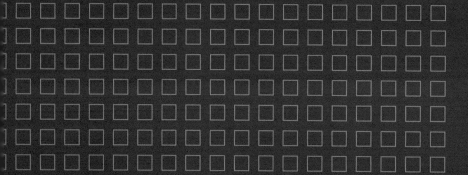

广告创意特效表现

　　广告的主要价值在于把产品的功能特点通过一定的方式转换成视觉因素，使之更直观地面对消费者。广告创意即根据广告主题，经过精心思考和策划，运用艺术手段，把所掌握的材料进行创造性的组合，以塑造一个意象的过程。

　　广告创意简单来说就是通过大胆新奇的手法来制造与众不同的视听效果，最大限度地吸引消费者，从而达到品牌形象传播与产品营销的目的。它由两大部分组成，一是广告诉求，二是广告表现。通过有创造力地表达出品牌的销售信息，以迎合或引导消费者的心理，并促成其产生购买行为。

　　本章介绍的是各种类型平面广告的设计制作方法，通过实例让用户了解平面广告设计的基本知识和制作技巧。

10.1 电影海报——美人鱼

早期的电影海报纯粹是为了电影的广告宣传而产生的，随着科学技术的进步，电影海报本身也因其画面精美，表现手法独特，文化内涵丰富，而成为了一种艺术品，具有欣赏和收藏价值。

本实例制作的是一幅电影宣传海报，如图10-1所示。该效果是以美女为宣传主体，构建出美人鱼的优雅体态。通过视觉效果装饰，最后完成宣传海报的绘制。

在设计电影宣传海报的过程中，使用【渐变工具】、图层蒙版功能进行素材的合成处理，使用图层混合模式功能进行视觉特效的绘制，使用【横排文字工具】进行电影海报文字的输入，最后使用图层样式功能完善图像层次关系。

图10-1 宣传海报流程图

10.1.1 素材图像合成

STEP|01 新建一个1200×1600像素的文档，分辨率为200像素，设置文档名称为"美人鱼"。

STEP|02 导入"人物"素材，调整素材大小以及位置，选择【仿制图章工具】，将人物腹部涂抹成背景颜色，效果如图10-2所示。

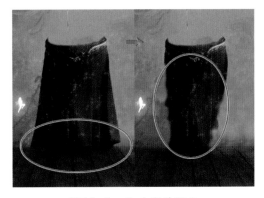

图10-3 修改背景图像

图10-2 修改背景图像

STEP|03 依据以上方法涂抹修改"人物"素材的其他部位，如图10-3所示。

STEP|04 为图层添加图层蒙版，使用【渐变工具】进行修饰，填充背景图层为黑色，如图10-4所示。

图10-4 添加图层蒙版修饰

技巧

为了便于把握最佳图像效果，可以先保存原图像一份，在最后整体修改图像效果时，可以重新调整。

STEP|05 导入"鱼"素材，调整素材大小以及位置，选择【魔棒工具】选取白色区域并删除选区内图像，如图10-5所示。

图10-5　导入素材

STEP|06 按Ctrl+T快捷键，进行自由变换图像，调整图像分布角度，右击并选择"变形"选项，如图10-6所示。

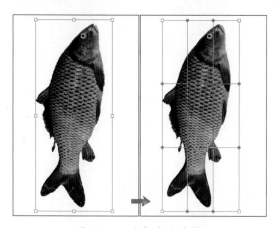

图10-6　进行自由变换

STEP|07 调整角手柄分布，使其弯曲过渡自然，如图10-7所示。

STEP|08 添加图层蒙版，使用【画笔工具】进行修饰，设置参数如图10-8所示。

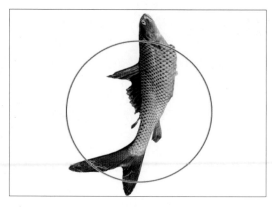

图10-7　调整角手柄分布

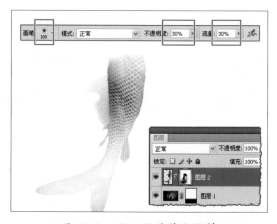

图10-8　添加图层蒙版修饰

STEP|09 调整"鱼"图层位置分布，使其与"人物"腹部过渡自然，如图10-9所示。

图10-9　调整图层位置

STEP|10 导入"背景"素材，添加图层蒙版进行修饰，设置图层混合模式为"颜色加深"，调整背景色调，如图10-10所示。

图10-10 调整背景色调

STEP|11 复制该图层,设置图层混合模式为"叠加",如图10-11所示。

图10-11 复制素材图层

10.1.2 绘制装饰元素

STEP|01 选择【钢笔工具】 ,绘制出人物腰部结合处轮廓并填充颜色,如图10-12所示。

图10-12 绘制结合处轮廓

STEP|02 复制该图层,调整图层大小,设置图层混合模式为"深色",添加图层蒙版进行修饰,如图10-13所示。

图10-13 复制图层

技巧

逼真的视觉效果在于图像层次的丰富表现。

STEP|03 依据以上方法绘制其他结合部轮廓,设置亮部图层混合模式为"强光",暗部图层混合模式为"深色",如图10-14所示。

图10-14 绘制其他结合部

STEP|04 导入"电线"素材,调整图像大小以及位置,如图10-15所示。

STEP|05 导入其他"电线"素材,调整图像大小以及位置,如图10-16所示。

图10-15　导入素材图片

图10-16　导入其他同类素材

STEP|06　导入"闪光电线"素材，调整图像大小以及位置，如图10-17所示。

图10-17　导入素材

STEP|07　添加"内发光"图层样式，设置参数如图10-18所示。

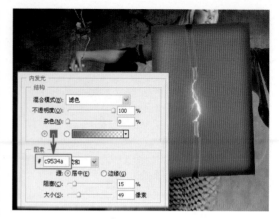

图10-18　设置图层样式

STEP|08　添加图层蒙版，使用【画笔工具】进行修饰，设置图层混合模式为"滤色"，如图10-19所示。

图10-19　添加图层蒙版修饰

STEP|09　复制该图层，调整图层位置，如图10-20所示。

图10-20　复制图层

STEP|10　新建图层并填充为黑色，执行【滤镜】|【渲染】|【分层云彩】命令，如图10-21所示。

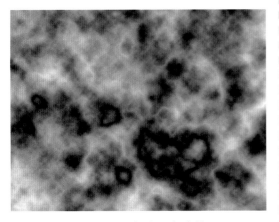

图10-21　分层云彩滤镜

STEP|11　依据人物腰部轮廓绘制选区路径，按Ctrl+Enter快捷键载入路径选区，设置羽化值为5像素，如图10-22所示。

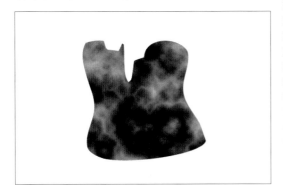

图10-22　绘制形状轮廓

STEP|12　使用【画笔工具】✍完善纹理效果，执行【滤镜】|【模糊】|【高斯模糊】命令，设置模糊半径为3像素，如图10-23所示。

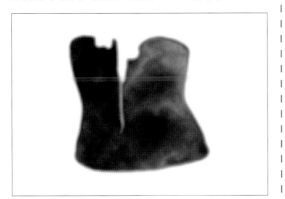

图10-23　完善纹理效果

STEP|13　调整图层位置，设置图层混合模式为"叠加"，如图10-24所示。

图10-24　设置图层混合模式

STEP|14　复制该图层，添加图层蒙版进行修饰，完善人物腹部层次关系，如图10-25所示。

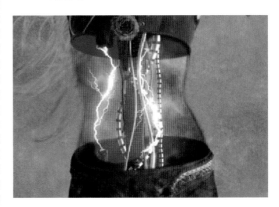

图10-25　完善人物腹部层次关系

STEP|15　依据以上方法，绘制其他部位层次关系，如图10-26所示。

图10-26　绘制其他部位层次关系

10.1.3 绘制海报文字效果

STEP|01 选择【横排文字工具】 T，输入文字"美人鱼"，设置文字字体为"方正隶变简体"，调整文字大小以及位置，如图10−27所示。

图10−27 输入文字

STEP|02 添加"斜面和浮雕"图层样式，设置参数如图10−28所示。

图10−28 添加图层样式

STEP|03 添加"渐变叠加"图层样式，设置渐变颜色，如图10−29所示。

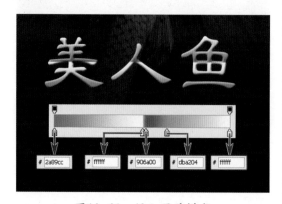

图10−29 添加图层样式

STEP|04 添加"描边"图层样式，设置描边参数如图10−30所示。

图10−30 添加图层样式

STEP|05 选择【横排文字工具】 T，输入英文字母，按Ctrl+T快捷键进行字体变形，如图10−31所示。

图10−31 输入英文字母

> **提示**
>
> 图像文字元素的运用取决于电影海报的整体营销策略，因此在进行设计制作的过程中，必须考虑实际操作的可行性。

STEP|06 选择【横排文字工具】 T，添加其他文字，完成电影海报制作。

10.2 照相机广告

　　本实例为照相机广告设计制作，如图 10-32 所示。本实例的广告创意是以借喻的方式表现出佳能照相机的优异品质，以定格鹰抓兔子的瞬间为广告的主要画面，反映出佳能相机可以非常清晰地记录下这一刻。通过鹰抓兔子的精彩瞬间与相机的基本功能联系到一起，产生出广告创意。

　　在制作本实例的过程中，使用图层蒙版进行素材图片组合效果的处理，使用【滤镜】命令、【图层样式】功能绘制冰块纹理，使用图层混合模式进行冰块效果的组合，最后使用【横排文字工具】T.进行广告语的绘制。

图10-32　照相机广告流程图

10.2.1　素材图像合成

STEP|01　新建一个1600×1200像素的文档，分辨率为200像素，设置文档名称为"照相机广告"。

STEP|02　导入"草原"素材，调整素材大小以及位置，删除其他区域，如图10-33所示。

STEP|03　导入"戈壁"素材，调整素材大小以及位置，如图10-34所示。

图10-33　导入素材图片

图10-34　导入素材图片

STEP|04　添加图层蒙版，使用【画笔工具】 进行修饰，效果如图10-35所示。

图10-35　添加图层蒙版修饰

STEP|05　导入"鹰"素材，在【通道】面板中复制"绿"通道，按Ctrl+L快捷键，在【色阶】对话框中调整图像对比度，如图10-36所示。

图10-36　调整图像对比度

STEP|06　选择【魔棒工具】 ，选择鹰轮廓以外区域并填充白色，填充鹰为黑色，如图10-37所示。

图10-37　通道填充颜色

STEP|07　按住Ctrl键单击"绿副本"通道载入通道选区，在【图层】面板中选择"鹰"图层，删除选区内图像，如图10-38所示。

图10-38　删除多余区域

STEP|08　导入"兔子"素材，添加图层蒙版，使用【画笔工具】 进行修饰，如图10-39所示。

图10-39　添加图层蒙版修饰

STEP|09　调整"鹰"图层大小以及位置，添加图层蒙版修饰，如图10-40所示。

图10-40　添加图层蒙版修饰

STEP|10　复制"兔子"图层，调整图层透视关系，执行【滤镜】|【模糊】|【高斯模糊】命令，设置模糊半径为5像素，如图10-41所示。

图10-41　复制图层

STEP|11　设置图层混合模式为"颜色加深"，添加图层蒙版进行修饰，如图10-42所示。

图10-42　添加图层蒙版修饰

STEP|12　依据同样方法绘制鹰的投影，如图10-43所示。

图10-43　绘制鹰的投影

10.2.2　绘制冰块肌理

STEP|01　新建图层，执行【滤镜】|【渲染】|【分层云彩】命令，如图10-44所示。

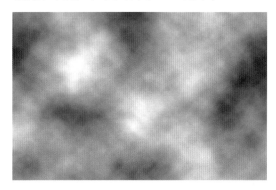

图10-44　分层云彩滤镜

STEP|02　执行【滤镜】|【扭曲】|【玻璃】命令，设置参数如图10-45所示。

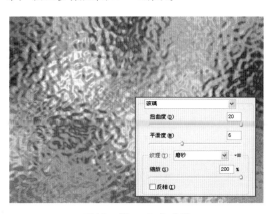

图10-45　玻璃滤镜

STEP|03　按Ctrl+L快捷键，在【色阶】对话框中调整图像明度与对比度，如图10-46所示。

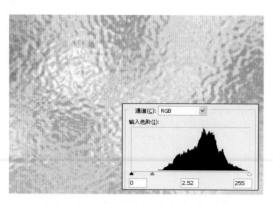

图10-46　调整图像明度与对比度

STEP|04　选择【矩形选框工具】，选取玻璃块正面区域，执行【滤镜】|【模糊】|【高斯模糊】命令，设置模糊半径为3像素，如图10-47所示。

图10-47　高斯模糊滤镜

STEP|05　为该图层添加图层蒙版，使用【画笔工具】进行修饰，如图10-48所示。

图10-48　添加图层蒙版修饰

STEP|06　设置图层混合模式为"强光"，调整图层不透明度为70%，如图10-49所示。

图10-49　设置图层混合模式

STEP|07　选择【矩形选框工具】，选取冰块背景折射区域，按Ctrl+J快捷键复制背景图像，添加图层蒙版进行修饰，如图10-50所示。

图10-50　添加图层蒙版修饰

STEP|08　选择【矩形选框工具】，选取玻璃块背面区域，添加图层蒙版进行修饰，如图10-51所示。

图10-51　添加图层蒙版修饰

STEP|09　设置图层混合模式为"颜色加深"，调整图层不透明度为50%，如图10-52所示。

图10-52　设置图层混合模式

STEP|10　选择【矩形选框工具】，选取玻璃块正面漫射区域，降低图层明度，添加图层蒙版进行修饰，如图10-53所示。

图10-53　添加图层蒙版修饰

STEP|11　设置图层混合模式为"线性加深"，调整图层不透明度30%，如图10-54所示。

图10-54　设置图层混合模式

STEP|12　选择【矩形选框工具】，选取玻璃块内部漫射区域，降低图层明度，执行【滤镜】|【模糊】|【高斯模糊】命令，设置模糊半

径为3像素，如图10-55所示。

图10-55　高斯模糊滤镜

STEP|13　添加"斜面和浮雕"图层样式，设置参数如图10-56所示。

图10-56　添加图层样式

STEP|14　启用"等高线"、"纹理"复选框，设置参数如图10-57所示。

图10-57　添加图层样式

STEP|15　设置图层混合模式为"叠加"，调整图层不透明度为20%，如图10-58所示。

图10-58　设置图层混合模式

STEP|16　复制图层，设置图层混合模式为"柔光"，设置图层不透明度为100%，如图10-59所示。

图10-59　复制图层

STEP|17　依据以上方法，完善玻璃正面纹理效果，如图10-60所示。

图10-60　完善正面纹理效果

10.2.3　绘制冰块立体效果

STEP|01　选择全部冰块图层，按Ctrl+Alt+E快捷键盖印图层，按Ctrl+T键进行图像自由变

换，绘制出冰块底面轮廓，如图10-61所示。

图10-61　绘制冰块底面效果

STEP|02　依据以上方法，绘制出冰块其他面效果，如图10-62所示。

图10-62　绘制冰块其他面效果

STEP|03　选择【矩形选框工具】[::]，绘制出块面轮廓，执行【选择】|【修改】|【羽化】命令，设置羽化半径为10像素，填充颜色如图10-63所示。

图10-63　填充选区颜色

STEP|04　按Ctrl+T快捷键，进行自由变换图像，选择【变形】命令，调整图像轮廓如图10-64所示。

图10-64 自由变换图像

STEP|05 添加图层蒙版，使用【画笔工具】 ✐ 进行修饰，如图10-65所示。

图10-65 添加图层蒙版修饰

STEP|06 选择所有冰块图层，盖印图层，设置图层混合模式为"线性加深"，调整图层不透明度为70%，如图10-66所示。

图10-66 绘制冰块其他投影

10.2.4 绘制广告文字

STEP|01 选择【矩形选框工具】 ▢，绘制出相机广告语装饰带轮廓，使用【渐变工具】 ▆ 填充一个由白色至透明的线性渐变，调整图层不透明度为50%，如图10-67所示。

图10-67 执行线性渐变填充

STEP|02 选择【横排文字工具】 T，输入广告的商家名称以及广告语，调整文字大小，如图10-68所示。

图10-68 输入文字

STEP|03 选择【横排文字工具】 T，输入其他装饰文字，导入"相机"素材，调整图像大小以及位置，完成照相机广告绘制，如图10-69所示。

图10-69 最终效果图

10.3 公益广告——蘑菇云

公益广告是以为公众谋利益和提高福利待遇为目的而设计的广告,它是不以盈利为目的而为社会公众切身利益和社会风尚服务的广告。它具有社会的效益性、主题的现实性和表现的号召性三大特点。公益广告的主题具有社会性,并运用创意独特、内涵深刻、艺术制作等广告手段用不可更改的方式、鲜明的立场及健康的方法来正确诱导社会公众。

本实例绘制的是反核战的公益广告,如图10-70所示。该公益广告主要以原子弹爆炸后产生的蘑菇云为主题,通过将蘑菇云形象地转变为丑陋的嘴脸,借喻向公众表达出核战争的可怕性。

在绘制该公益广告的过程中,主要使用【滤镜】命令绘制出云层的效果,使用图层蒙版、【画笔工具】进行图层轮廓修饰,使用图层混合模式功能进行图像效果的叠加,最后使用调整图层功能进行图像颜色信息的调整。

图10-70　公益广告流程图

10.3.1　绘制背景效果

STEP|01　新建一个1600×1200像素的文档,分辨率为200像素,设置文档名称为"蘑菇云"。

STEP|02　导入"沙漠图片"素材,调整图像大小以及位置,如图10-71所示。

STEP|03　导入"天空"素材,执行【图像】|【调整】|【去色】命令,调整图像大小以及位置,如图10-72所示。

图10-71　导入素材图片

图10-72　导入素材图片

图10-75　设置图层混合模式

STEP|04 添加图层蒙版，使用【画笔工具】 进行修饰，如图10-73所示。

STEP|07 选择【矩形选框工具】 ，绘制出背景图像亮部区域，执行【选择】|【修改】|【羽化】命令，设置羽化值为8像素，填充白色，如图10-76所示。

图10-73　添加图层蒙版修饰

图10-76　绘制亮部区域

STEP|05 导入"纸张"素材，执行【图像】|【调整】|【去色】命令，调整图像大小以及位置，如图10-74所示。

STEP|08 设置图层混合模式为"柔光"，添加图层蒙版进行修饰，如图10-77所示。

图10-74　导入素材图片

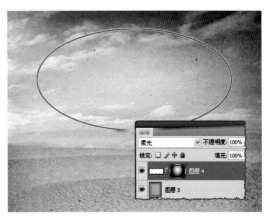

图10-77　添加图层蒙版修饰

STEP|06 设置图层混合模式为"强光"，如图10-75所示。

10.3.2　绘制云彩肌理

STEP|01　新建图层，执行【滤镜】|【渲染】|【分层云彩】命令，如图10-78所示。

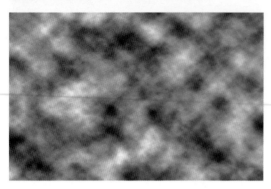

图10-78　执行分层云彩滤镜

STEP|02　按Ctrl+L快捷键，在弹出的【色阶】对话框中调整图像的明度与对比度，如图10-79所示。

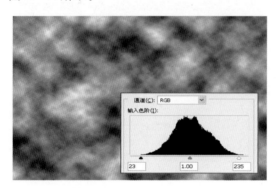

图10-79　调整图像明度与对比度

STEP|03　执行【滤镜】|【风格化】|【凸出】命令，设置参数如图10-80所示。

图10-80　凸出滤镜

STEP|04　依据同样方法，绘制其他云彩肌理效果。

10.3.3　绘制蘑菇云效果

STEP|01　选择"云彩"图层，按Ctrl+L快捷键调整图像明度与对比度，调整图像大小以及位置，如图10-81所示。

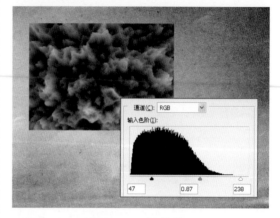

图10-81　调整图像

STEP|02　添加图层蒙版，使用【画笔工具】进行修饰，如图10-82所示。

图10-82　添加图层蒙版修饰

STEP|03　复制该图层，调整图像大小以及位置，添加图层蒙版进行修饰，如图10-83所示。

STEP|04　添加云彩图层，调整图层大小，使用图层蒙版进行修饰，使其轮廓与其他云彩过渡柔和，如图10-84所示。

STEP|05　添加云彩图层，调整图层大小以及角度，添加图层蒙版进行修饰，如图10-85所示。

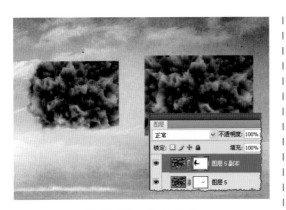

图10-83 复制图层

图10-84 添加图层蒙版修饰

图10-85 添加图层蒙版修饰

STEP|06 依据以上方法,绘制出蘑菇云基础轮廓,如图10-86所示。

STEP|07 添加云彩图层,调整图层大小以及角度,如图10-87所示。

图10-86 绘制蘑菇云基础轮廓

图10-87 添加云彩图层

STEP|08 添加图层蒙版进行修饰,设置图层混合模式为"颜色减淡",如图10-88所示。

图10-88 添加图层蒙版修饰

STEP|09 依据同样方法,绘制出其他云层的亮部区域,如图10-89所示。

图10-89 添加云层亮部

STEP|10 添加云层图层，调整图层大小以及位置，并自由变换图层，如图10-90所示。

图10-90 自由变换图层

STEP|11 添加图层蒙版进行修饰，使其轮廓与云层过渡自然，调整图层位置，如图10-91所示。

图10-91 添加图层蒙版修饰

STEP|12 依据同样方法，绘制出其他云层暗部效果，如图10-92所示。

图10-92 绘制出其他云层暗部

STEP|13 添加云层图层，选择【魔棒工具】选取图层亮部区域，删除多余区域，执行自由变换图层，如图10-93所示。

图10-93 执行自由变换图层

STEP|14 为该图层添加"颜色叠加"图层样式，设置参数如图10-94所示。

图10-94 添加图层样式

STEP|15 依据以上方法，完善蘑菇云底部层次效果，如图10-95所示。

图10-95 完善底部层次

10.3.4 绘制丑脸效果

STEP|01 新建图层，选择【钢笔工具】 ，绘制出丑脸脸部轮廓并填充红色，调整图层位置，如图10-96所示。

图10-96 绘制丑脸脸部轮廓

STEP|02 设置图层混合模式为"叠加"，添加图层蒙版进行修饰，如图10-97所示。

图10-97 添加图层蒙版修饰

STEP|03 选择【椭圆选框工具】 ，绘制出丑脸鼻子轮廓并填充红色，如图10-98所示。

图10-98 绘制丑脸鼻子轮廓

STEP|04 设置图层混合模式为"叠加"，添加图层蒙版进行修饰，如图10-99所示。

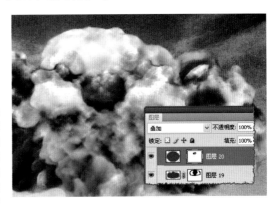

图10-99 添加图层蒙版修饰

STEP|05 选择【钢笔工具】 ，绘制出丑脸眼部轮廓，载入路径选区，羽化选区为3像素并填充黑色，设置图层混合模式为"叠加"，如图10-100所示。

图10-100 绘制丑脸眼部轮廓

STEP|06 依据同样方法绘制丑脸右眼效果，如图10-101所示。

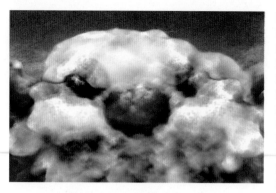

图10-101　绘制丑脸右眼

STEP|07　选择【钢笔工具】，绘制出丑脸嘴部轮廓并填充黑色，如图10-102所示。

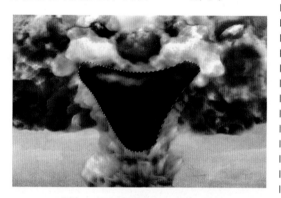

图10-102　绘制丑脸嘴部轮廓

STEP|08　设置图层混合模式为"强光"，调整图层不透明度为70%，添加图层蒙版进行修饰，如图10-103所示。

图10-103　添加图层蒙版修饰

STEP|09　复制该图层，加强融合效果，如图10-104所示。

图10-104　复制图层

STEP|10　添加云层图层，执行自由变换图层，如图10-105所示。

图10-105　添加云层图层

STEP|11　设置图层混合模式为"明度"，添加图层蒙版进行修饰，如图10-106所示。

图10-106　添加图层蒙版修饰

STEP|12　选择【钢笔工具】，绘制出丑脸舌头轮廓，载入选区并羽化选区3像素，并填充选区颜色，如图10-107所示。

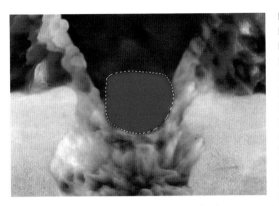

图10-107　绘制丑脸舌头轮廓

STEP|13 设置图层混合模式为"叠加"，添加图层蒙版进行修饰，如图10-108所示。

图10-108　添加图层蒙版进行修饰

STEP|14 依据以上方法，绘制出丑脸口部效果，如图10-109所示。

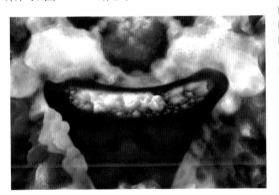

图10-109　绘制丑脸口部效果

STEP|15 选择【钢笔工具】 ，绘制出蘑菇云左侧暗部轮廓，并羽化选区3像素，使用【渐变工具】 拉出一个由浅红色至深红色的线性渐变填充，如图10-110所示。

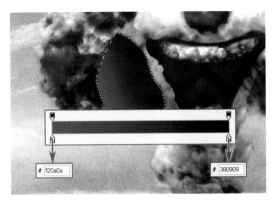

图10-110　绘制暗部轮廓

STEP|16 设置图层混合模式为"颜色加深"，添加图层蒙版进行修饰，如图10-111所示。

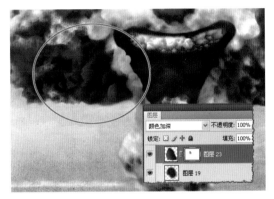

图10-111　添加图层蒙版修饰

STEP|17 依据以上方法，绘制其他暗部效果，如图10-112所示。

图10-112　绘制其他暗部效果

STEP|18 添加调整图层，完善整体效果。

10.4 商业广告

　　本实例为一则爽肤水商业广告特效，如图10-113所示。商业广告的主要目的是针对目标消费人群进行宣传，它是以宣传商品的功能作用为主，如这款爽肤水广告，宣传的主要目的是让目标消费人群了解到这款爽肤水的功能作用以及能达到的效果。

　　在制作商业广告的过程中，使用图层蒙版功能进行素材图片的组合运用，使用【画笔工具】✐、【滤镜】效果、图层样式进行人物肤色及明暗关系的处理，使用图层混合模式增加特效。

图10-113　商业广告特效流程图

10.4.1　调整人物素材

STEP|01　新建一个1024×768像素的文档，分辨率为200像素，导入图片素材，调整素材大小，如图10-114所示。

图10-114　导入图片素材

STEP|02　按Ctrl+L快捷键，在弹出的"色阶"对话框中启用复选框，设置颜色参数，如图

10-115所示。

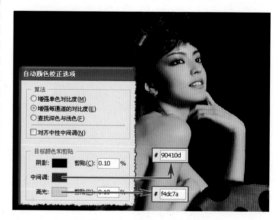

图10-115　调整图像颜色

STEP|03　新建图层并填充白色，执行【滤镜】|【渲染】|【纤维】命令，设置参数如图10-116所示。

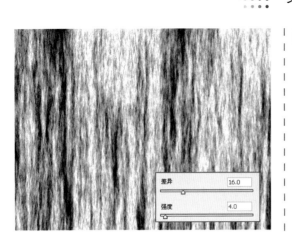

图10-116 执行纤维滤镜

STEP|04 执行【滤镜】|【模糊】|【动感模糊】命令，设置参数如图10-117所示。

图10-117 动感模糊滤镜

STEP|05 按Ctrl+T快捷键，执行自由变换图像，调整图像位置，使其轮廓适合人物眼部轮廓，如图10-118所示。

图10-118 执行自由变换

STEP|06 设置图层混合模式为"颜色减淡"，添加图层蒙版，使用【画笔工具】进行修饰，如图10-119所示。

图10-119 添加图层蒙版修饰

STEP|07 依据同样方法，绘制人物右眼睛亮部，如图10-120所示。

图10-120 绘制右眼睛亮部

STEP|08 新建图层，选择【矩形选框工具】，绘制矩形选区并填充颜色，如图10-121所示。

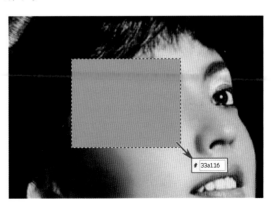

图10-121 添加选区颜色

STEP|09 设置图层混合模式为"叠加"，添加图层蒙版进行修饰，效果如图10-122所示。

图10-122 设置图层混合模式

STEP|10 依据同样方法，绘制其他眼影效果，如图10-123所示。

图10-123 绘制其他眼影效果

STEP|11 选择【钢笔工具】，绘制出人物眼线轮廓，并填充黑色，如图10-124所示。

图10-124 绘制眼线轮廓

STEP|12 设置图层混合模式为"叠加"，调整图层位置，如图10-125所示。

图10-125 设置图层混合模式

STEP|13 新建图层，设置前景色为#FD8F09，选择【画笔工具】，依据嘴唇轮廓涂抹颜色，如图10-126所示。

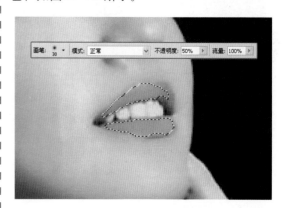

图10-126 涂抹嘴唇轮廓

STEP|14 设置图层混合模式为"柔光"，调整图层位置，如图10-127所示。

图10-127 设置图层混合模式

STEP|15　依据以上方法，绘制出人物脸部其他彩妆效果，如图10-128所示。

图10-128　绘制其他彩妆效果

10.4.2　皮肤合成

STEP|01　选择"人物"图层，使用【钢笔工具】，绘制出可用区域轮廓，载入选区并复制图层，如图10-129所示。

图10-129　复制选区

STEP|02　按Ctrl+L快捷键，在弹出的"色阶"对话框中启用复选框，调整图像颜色，如图10-130所示。

图10-130　复制选区图像

STEP|03　添加图层蒙版进行修饰，调整图层位置，如图10-131所示。

图10-131　添加图层蒙版修饰

STEP|04　导入"干旱土地"素材，按Ctrl+L快捷键，调整图像明度与对比度，如图10-132所示。

图10-132　调整图像明度与对比度

STEP|05　按Ctrl+T快捷键，执行自由变换图像，使其轮廓更适合人物背部轮廓，如图10-133所示。

图10-133　执行自由变化图像

STEP|06 导入"水墨"图片素材，执行【编辑】|【定义画笔预设】命令，存储为画笔预设，如图10-134所示。

图10-134 自定义画笔形状

STEP|07 选择【橡皮擦工具】，选取该画笔形状，擦除素材图片边缘区域，效果如图10-135所示。

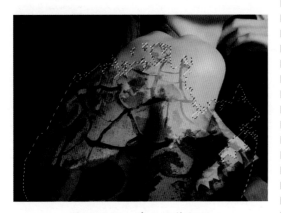

图10-135 选取画笔预设

STEP|08 设置图层混合模式为"叠加"，添加图层蒙版进行修饰，如图10-136所示。

图10-136 设置图层混合模式

STEP|09 复制素材图层，使用【钢笔工具】绘制选区，删除多余区域，执行自由变换图像，如图10-137所示。

图10-137 执行自由变化图像

STEP|10 设置图层混合模式为"叠加"，添加图层蒙版修饰，如图10-138所示。

图10-138 设置图层混合模式

STEP|11 依据同样方法，绘制人物其他部位皮肤合成效果，如图10-139所示。

图10-139 绘制其他部位皮肤效果

10.4.3　绘制水衣效果

STEP|01　导入"水珠"素材，选择【魔棒工具】 ，选取素材白色区域，删除选区内图像，如图10-140所示。

图10-140　删除选区图像

STEP|02　执行【图像】|【调整】|【去色】命令，使用"色阶"对话框调整图像明度与对比度，调整图像位置，如图10-141所示。

图10-141　调整图像明度与对比度

STEP|03　执行自由变化图像，使其轮廓适合人物背部轮廓，添加图层蒙版进行修饰，设置图层不透明度为70%，如图10-142所示。

STEP|04　添加"投影"图层样式，设置参数如图10-143所示。

图10-142　执行自由变化图像

图10-143　添加图层样式

STEP|05　添加"渐变叠加"图层样式，设置参数如图10-144所示。

图10-144　添加图层样式

STEP|06　导入"水珠2"素材，执行自由变换图像，使其轮廓适合人物脸部轮廓，如图10-145所示。

图10-145　执行自由变换图像

STEP|07　设置图层混合模式为"线性光"，添加图层蒙版修饰，如图10-146所示。

图10-146　设置图层混合模式

STEP|08　添加"投影"图层样式，设置参数如图10-147所示。

图10-147　添加图层样式

STEP|09　添加"渐变叠加"图层样式，设置参数如图10-148所示。

图10-148　添加图层样式

STEP|10　依据以上方法，绘制人物其他水衣效果，如图10-149所示。

图10-149　绘制其他水衣效果

10.4.4　绘制其他水效果

STEP|01　导入"水珠3"素材，在【通道】面板中选择"绿"通道，复制该通道，执行【图像】|【调整】|【亮度/对比度】命令，设置参数如图10-150所示。

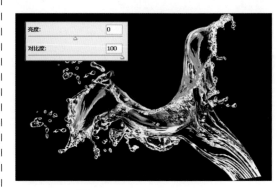

图10-150　调整对比度

STEP|02 按住Ctrl键，单击"绿副本"图层，在【图层】面板中选择"水珠3"图层，删除选区图像，如图10-151所示。

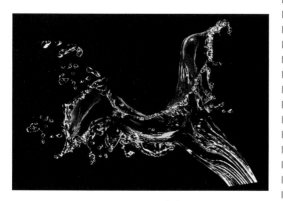

图10-151　导入素材图片

STEP|03 按Ctrl+U快捷键，在弹出的"色相／饱和度"对话框中调整图像明度，如图10-152所示。

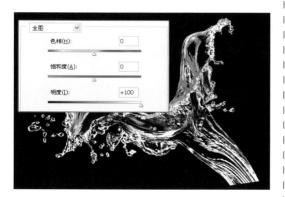

图10-152　调整图像明度

STEP|04 调整图像位置，执行自由变换图像，使其轮廓适合人物头部轮廓，如图10-153所示。

图10-153　执行自由变换图像

STEP|05 设置图层不透明度为60%，添加图层蒙版进行修饰，如图10-154所示。

图10-154　添加图层蒙版修饰

STEP|06 复制图层，设置图层混合模式为"叠加"，调整图层不透明度为100%，如图10-155所示。

图10-155　设置图层混合模式

STEP|07 依据以上方法进行上色处理，效果如图10-156所示。

图10-156　图像上色处理

STEP|08 依据以上方法完善水效果，如图10-157所示。

图10-157 绘制其他水效果

10.4.5 绘制其他装饰

STEP|01 导入"爽肤水"素材，调整图像大小以及位置，如图10-158所示。

图10-158 导入素材图片

STEP|02 导入"水珠4"素材，调整图层大小及位置，如图10-159所示。

图10-159 导入素材图片

STEP|03 设置图层混合模式为"柔光"，添加

图层蒙版修饰，如图10-160所示。

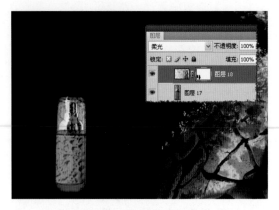

图10-160 设置图层混合模式

STEP|04 按Ctrl+E快捷键，向下合并图层，调整图层角度，执行【滤镜】|【扭曲】|【波纹】滤镜，设置参数如图10-161所示。

图10-161 执行波纹滤镜

STEP|05 调整图像位置，添加图层蒙版进行修饰，如图10-162所示。

图10-162 添加图层蒙版进行修饰

STEP|06 选择【钢笔工具】 ✍ ，绘制 "爽肤水" 装饰花形并填充白色，如图10-163所示。

图10-163 绘制装饰花形轮廓

STEP|07 添加 "外发光" 图层样式，设置参数如图10-164所示。

图10-164 添加图层样式

STEP|08 添加 "渐变叠加" 图层样式，设置参数如图10-165所示。

图10-165 添加图层样式

STEP|09 依据以上方法，绘制其他 "爽肤水" 装饰效果，如图10-166所示。

图10-166 绘制其他装饰效果

STEP|10 导入 "背景" 素材，调整图像大小以及位置，如图10-167所示。

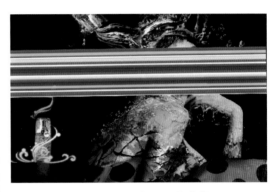

图10-167 导入背景素材

STEP|11 设置图层混合模式为 "颜色减淡"，调整图层不透明度为20%，添加图层蒙版进行修饰，如图10-168所示。

图10-168 设置图层混合模式

STEP|12 调整图案整体明暗关系，完成商业广告绘制。

网页视觉特效表现

　　网页是构成网站的基本元素，是承载各种网站应用的平台。网页是网站建设中最直观、最易懂的网站表现形式。在高速发展的网络时代，优秀的网页可以救活一个公司甚至一个企业。所以对于网页设计师来讲，网页设计是网站的生死线。

　　本章通过具体案例，讲述了视觉特效在网页设计中的各种表现技巧，使设计师能快速地设计出优秀的网页视觉特效。

11.1 游戏网页中的按钮设计

本实例绘制一个网页中的按钮，如图11-1所示。按钮在网页的设计中是必不可少的，所以对于整个网页的设计来说按钮必须进行精细设计。此按钮设计主要用于游戏网页界面当中，时尚的外形与个性的球体相结合共同打造了具有游戏内涵的特效效果。

在绘制本案例的过程中，主要使用【钢笔工具】 绘制按钮的主要轮廓，并使用【图层样式】中的选项调整按钮的立体感。在绘制中心球体时，主要使用【滤镜】命令和【混合模式】选项相结合的绘制技巧来制作球体的纹理特效，总体上表达了按钮的设计内涵。

图11-1 最终效果图

11.1.1 绘制按钮轮廓

STEP|01 新建一个文档，设置大小为1600×1200像素，分辨率为300像素/英寸，颜色模式为RGB。

STEP|02 新建"底色"图层，使用【椭圆选框工具】 绘制一个正圆并填充红色，如图11-2所示。

STEP|03 单击"底色"缩览框生成选区，使用【径向渐变】 绘制渐变效果，如图11-3所示。

图11-2 绘制正圆

图11-3 绘制渐变效果

STEP|04 新建"图层1",使用【椭圆选框工具】绘制一个正圆并填充白色,打开【图层样式】对话框,启用"渐变叠加"复选框,设置参数,如图11-4所示。

图11-4 绘制正圆

STEP|05 复制"底色"图层并垂直向上移动1像素,执行【编辑】|【变换】|【垂直翻转】命令,如图11-5所示。

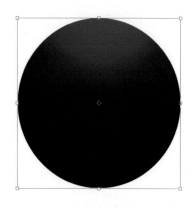

图11-5 垂直翻转正圆

STEP|06 使用【钢笔工具】绘制路径并转换为选区,如图11-6所示。

图11-6 绘制选区

STEP|07 按Ctrl+Shift+I快捷键进行反选选区,按Delete键删除选区内的图像,如图11-7所示。

图11-7 修饰图像

11.1.2 绘制立体按钮

STEP|01 打开【图层样式】对话框,启用"斜面和浮雕"复选框,设置参数,如图11-8所示。

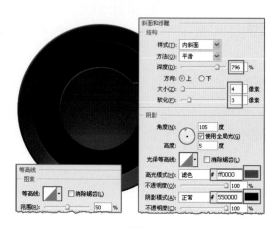

图11-8 启用"斜面和浮雕"效果

STEP|02　新建"图层2"，使用【椭圆选框工具】○绘制正圆并填充白色，打开【图层样式】对话框，启用"斜面和浮雕"与"颜色叠加"复选框，如图11-9所示。

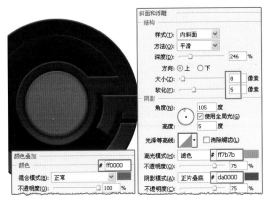

图11-9　绘制按钮

STEP|03　启用"内发光"复选框，设置参数，如图11-10所示。

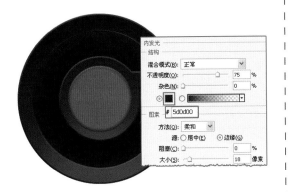

图11-10　添加"内发光"效果

STEP|04　启用"投影"复选框，设置参数，如图11-11所示。

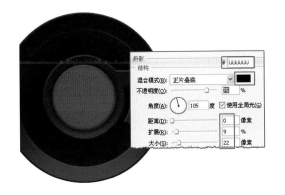

图11-11　添加"投影"效果

11.1.3　绘制中心球体

STEP|01　新建"图层3"，使用【椭圆选框工具】○绘制正圆，然后使用【径向渐变】■绘制渐变效果，如图11-12所示。

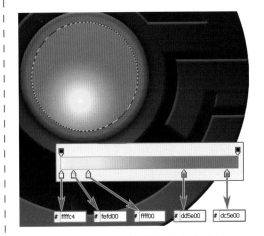

图11-12　绘制按钮亮部颜色

STEP|02　打开【图层样式】对话框，启用"投影"复选框，设置参数，如图11-13所示。

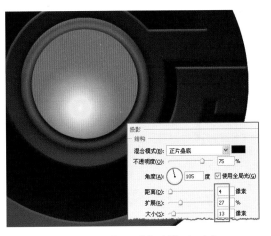

图11-13　启用"投影"复选框

STEP|03　启用"内发光"复选框，设置参数，如图11-14所示。

STEP|04　新建"图层4"，使用【椭圆选框工具】○绘制正圆，然后使用【径向渐变】■绘制渐变效果，如图11-15所示。

图11-14　添加"内发光"效果

图11-15　修饰按钮亮部颜色

STEP|05　设置"图层4"的【混合模式】为"变暗"，如图11-16所示。

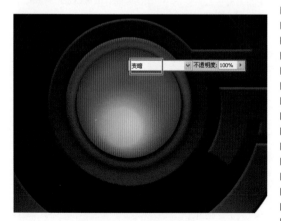

图11-16　修饰按钮

STEP|06　新建"图层5"，设置前景色为黑色，背景色为白色，执行【滤镜】|【渲染】|【云彩】命令，如图11-17所示。

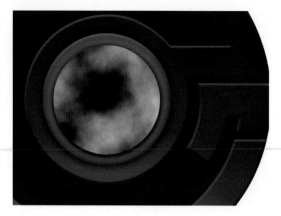

图11-17　绘制云彩效果

STEP|07　打开【图层样式】对话框，设置参数，如图11-18所示。

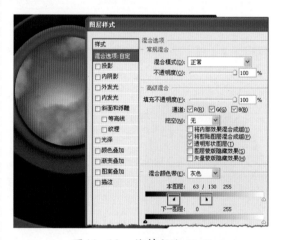

图11-18　修饰按钮纹理

STEP|08　设置【混合模式】为"线性光"，如图11-19所示。

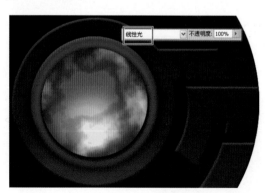

图11-19　修饰按钮纹理

STEP|09　复制"图层5"并命名为"图层6"，设置"图层6"的混合模式，如图11-20所示。

图11-20 修饰按钮细节

STEP|10 复制"图层6"并命名为"图层7",设置"图层7"的混合模式,如图11-21所示。

图11-21 绘制按钮纹理

STEP|11 新建"图层9",使用【椭圆选框工具】绘制正圆,然后使用【线性渐变】绘制渐变效果,如图11-22所示。

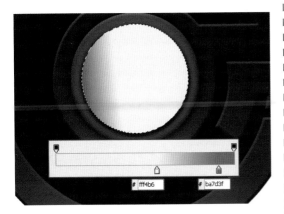

图11-22 绘制正圆渐变效果

STEP|12 设置"图层9"的【混合模式】为"深色",如图11-23所示。

图11-23 修饰按钮细节

STEP|13 打开【图层样式】对话框,启用"内发光"复选框,如图11-24所示。

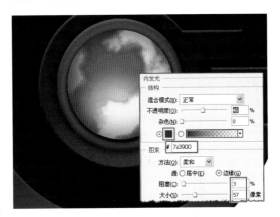

图11-24 添加"内发光"效果

提示

使用【图层样式】对话框中的选项主要是绘制出球体的立体感觉。

STEP|14 新建"图层10",单击"图层7"缩览框生成正圆选区,使用【线性渐变】绘制透明渐变效果,然后设置【混合模式】为"深色",如图11-25所示。

STEP|15 使用相同方法绘制"图层11",并设置【混合模式】为"线性加深",如图11-26所示。

图11-25　修饰按钮的立体感

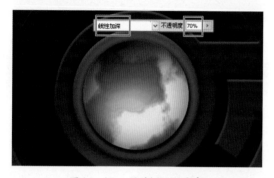

图11-26　绘制按钮暗部

STEP|16　新建"图层11"，使用【椭圆选框工具】绘制选区，并设置羽化值为9，设置【混合模式】为"柔光"，并复制2层，如图11-27所示。

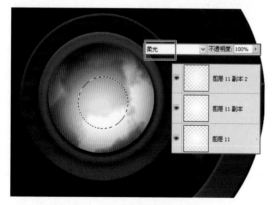

图11-27　添加按钮高光

11.1.4　添加字体特效

STEP|01　使用【椭圆选框工具】绘制正圆路径，在路径上输入文字，如图11-28所示。

图11-28　输入文字

STEP|02　打开【图层样式】对话框，启用"描边"和"外发光"复选框，并设置参数，如图11-29所示。

图11-29　修饰文字效果

STEP|03　添加背景素材，调整位置和大小，如图11-30所示。

图11-30　添加背景素材

11.2 Banner特效设计

本实例是一个 Banner 视觉特效设计，如图 11-31 所示。它可以放置在网页上的不同位置，在用户浏览网页信息的同时，可以吸引用户对于广告信息的关注。此实例是一个美容院的 Banner 广告，清新的背景与人物融合在一起，营造了一个舒适的环境。

在绘制本案例的过程中主要以合成素材的方式进行设计，并使用 Photoshop 中的【添加图层蒙版】按钮和【画笔工具】 ✐ 修饰图像与图像之间的关系，以设计出美容院本身所具有的内涵。

图11-31 最终效果图

11.2.1 绘制背景

STEP|01 新建一个文档，设置大小为945×280像素，分辨率为72像素/英寸，颜色模式为RGB。

STEP|02 新建"背景"图层，使用【线性渐变】 ▭ 绘制渐变效果，如图11-32所示。

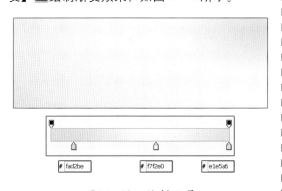

| # fad2be | # f7f2e0 | # e1e5a6 |

图11-32 绘制背景

STEP|03 添加素材图片，调整位置和大小，如图11-33所示。

STEP|04 设置波纹素材的【混合模式】为"变暗"，然后添加图层蒙版进行修改，如图11-34所示。

图11-33 添加素材

变暗　　不透明度：100%

| # 060000 | # ffffff |

图11-34 修饰波纹素材

STEP|05 添加瓶子素材并添加图层蒙版进行修改，如图11-35所示。

图11-35 修饰瓶子素材

STEP|06 添加花素材，调整大小和不透明度，如图11-36所示。

图11-36 添加花素材

11.2.2 绘制星光特效

STEP|01 新建"图层1"，使用【钢笔工具】绘制轮廓并转换为选区，设置羽化值并填充颜色，如图11-37所示。

STEP|02 复制"图层1"，执行【编辑】|【自由变换】命令，打开【图层样式】对话框，设置参数，如图11-38所示。

图11-37 绘制装饰图形

图11-38 绘制装饰图形

STEP|03 使用相同方法绘制其他形状，如图11-39所示。

图11-39 绘制其他色块

STEP|04 设置前景色为白色，打开【画笔】面板设置参数，如图11-40所示。

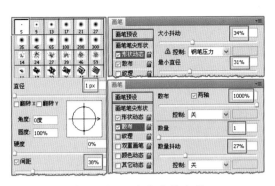

图11-40 设置画笔参数

STEP|05 使用【画笔工具】 ✏ 进行仔细的涂抹，如图11-41所示。

图11-41 绘制星星

STEP|06 新建图层，设置前景色颜色，打开【画笔】面板设置参数，如图11-42所示。

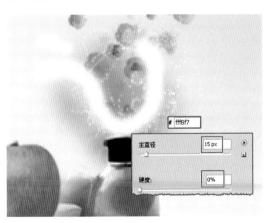

图11-42 绘制曲线

STEP|07 设置不透明度为50%，打开【图层样式】对话框，启用"外发光"复选框，设置参数，如图11-43所示。

图11-43 修饰光线图形

11.2.3 绘制彩带特效

STEP|01 新建"彩带"图层，使用【钢笔工具】 ✎ 绘制路径并转换为选区，使用【线性渐变】 ▦ 绘制渐变效果，如图11-44所示。

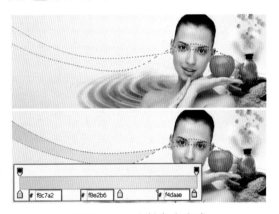

图11-44 绘制渐变彩带

STEP|02 设置"彩带"的不透明度为55%，如图11-45所示。

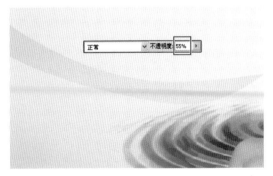

图11-45 修饰彩带

STEP|03 使用相同方法绘制另一个彩带，如图11-46所示。

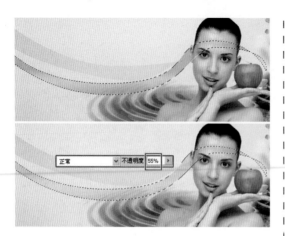

图11-46 绘制彩带

STEP|04 使用上述方法绘制其他彩带，如图11-47所示。

图11-47 绘制其他彩带

STEP|05 添加蜡烛素材，调整位置和大小，添加图层蒙版进行修改，如图11-48所示。

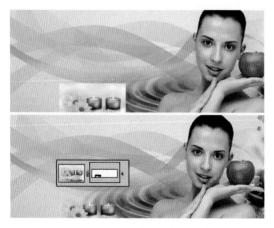

图11-48 添加蜡烛素材

11.2.4 绘制LOGO

STEP|01 新建图层，使用【矩形选框工具】 绘制一个矩形，然后使用【径向渐变】 绘制一个渐变效果，如图11-49所示。

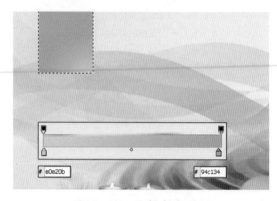

图11-49 绘制渐变图形

> **注意**
>
> 在使用【径向渐变】 绘制渐变效果时，需要在图形的选区内进行绘制。

STEP|02 打开【图层样式】对话框，启用"投影"复选框，设置参数，如图11-50所示。

图11-50 绘制投影效果

STEP|03 新建图层，使用【矩形选框工具】 绘制一个矩形并填充颜色，如图11-51所示。

STEP|04 打开【图层样式】对话框，启用"投影"复选框并设置参数，如图11-52所示。

STEP|05 新建图层，选择【圆角矩形工具】 ，设置工具选项栏参数，填充颜色，如图11-53所示。

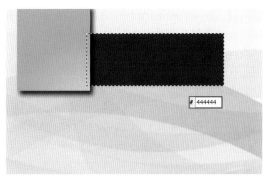

图11-51 绘制灰色矩形

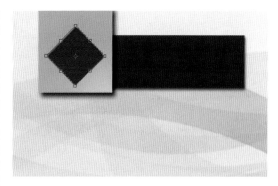

图11-54 调整角度

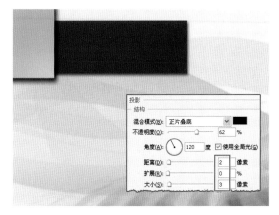

图11-52 绘制灰色块投影

图11-55 绘制白色正圆

STEP|08 复制白色正圆，使用【自由变换】命令调整大小，打开【图层样式】对话框，启用"颜色叠加"复选框，如图11-56所示。

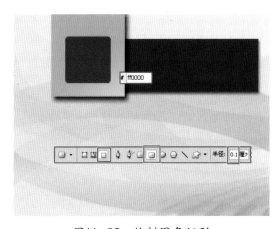

图11-53 绘制圆角矩形

STEP|06 执行【编辑】|【自由变换】命令，调整角度和大小，如图11-54所示。

STEP|07 新建图层，使用【椭圆选框工具】◯绘制一个正圆，填充白色，如图11-55所示。

图11-56 绘制LOGO

STEP|09 输入LOGO文字，在【字符】面板中设置参数，如图11-57所示。

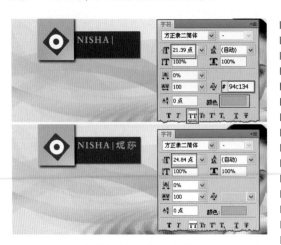

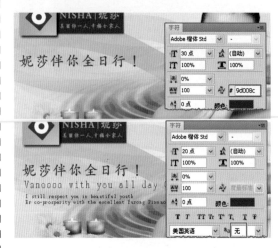

STEP|11 输入Banner其他文字，打开【字符】面板设置参数，如图11-59所示。

图11-57　输入文字

STEP|10 使用上述方法绘制LOGO的其他文字，如图11-58所示。

图11-59　添加其他文字

图11-58　添加LOGO文字

11.3　网站引导页视觉特效

本实例是一个音乐网站的引导页，如图11-60所示。随着人们欣赏水平的提高，对网站的设计要求也越来越高，此引导页主要以星座为设计元素，每颗星星都代表着一个歌手，最亮的星星将成为明星，意义深远。

在绘制过程中主要使用【图层样式】中的选项绘制引导页的主体部分，使用【钢笔工具】绘制星座路径，然后单击【用画笔描边路径】按钮修饰星座中的细节，通过调整【图层样式】对话框中的参数来绘制图形中的虚幻景象。

图11-60　最终效果图

11.3.1 绘制背景

STEP|01 新建一个文档，设置大小为1600×1200像素，分辨率为300像素/英寸，颜色模式为RGB。

STEP|02 新建图层并填充黑色，使用【椭圆选框工具】○绘制一个椭圆，执行【选择】|【修改】|【羽化】命令，设置参数，如图11-61所示。

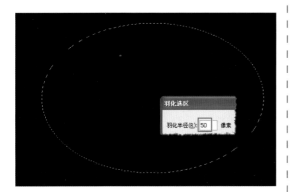

图11-61 绘制椭圆选区

STEP|03 新建"图层3"图层，填充颜色，打开【图层样式】对话框，启用"渐变叠加"复选框，设置参数，如图11-62所示。

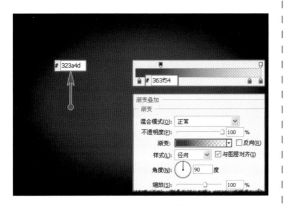

图11-62 绘制椭圆

STEP|04 单击【添加图层蒙版】按钮○，使用【画笔工具】✍进行涂抹，如图11-63所示。

STEP|05 复制"图层3"，打开【图层样式】对话框，启用"颜色叠加"复选框，设置参数，如图11-64所示。

STEP|06 单击【添加图层蒙版】按钮○，使用【画笔工具】✍进行涂抹，然后设置不透明度为75%，如图11-65所示。

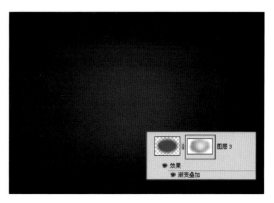

图11-63 添加图层蒙版

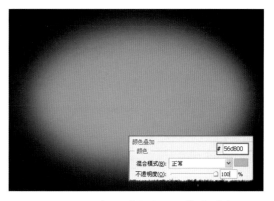

图11-64 启用"颜色叠加"复选框

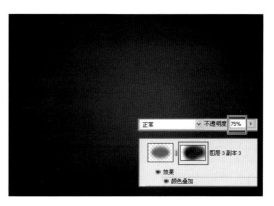

图11-65 修饰绿色椭圆

STEP|07 使用上述方法绘制黄色椭圆，并设置不透明度，如图11-66所示。

STEP|08 继续绘制另一个紫色椭圆，设置不透明度，如图11-67所示。

STEP|09 使用上述方法绘制绿色色块，如图11-68所示。

STEP|10 使用相同的绘制方法绘制其他色块，如图11-69所示。

图11-66　绘制黄色椭圆

图11-67　绘制紫色椭圆

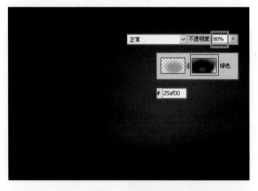

图11-68　绘制绿色色块

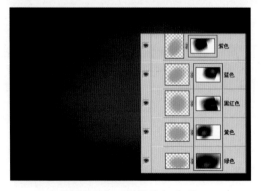

图11-69　绘制其他色块

11.3.2　绘制主体

STEP|01　新建"图层5"，使用【钢笔工具】绘制轮廓并转换为选区，填充颜色，如图11-70所示。

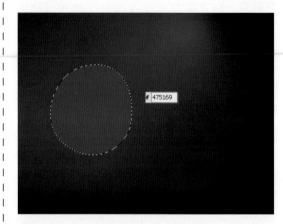

图11-70　绘制椭圆

STEP|02　打开【图层样式】对话框，启用"渐变叠加"复选框，设置参数，如图11-71所示。

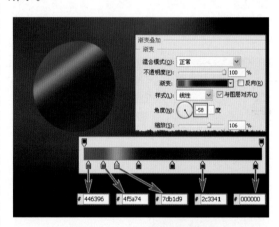

图11-71　绘制渐变效果

注意

在设置【渐变叠加】内的参数时，需要把握好光线的角度与方向。

STEP|03　启用"斜面和浮雕"复选框，设置参数，如图11-72所示。

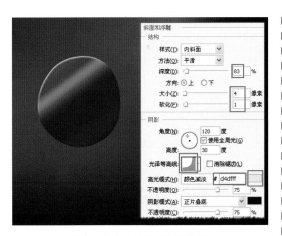

图11-72　绘制浮雕效果

STEP|04 启用"投影"复选框，设置参数，如图11-73所示。

图11-73　添加投影效果

STEP|05 新建"云彩"图层，设置前景色和背景色，执行【滤镜】|【渲染】|【云彩】命令，如图11-74所示。

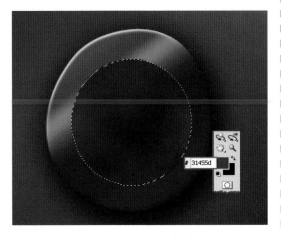

图11-74　绘制云彩效果

STEP|06 复制"图层5"并命名为"图层5合并"，在该图层上方新建一个图层，并合并新图层和"图层5合并"图层，设置不透明度，如图11-75所示。

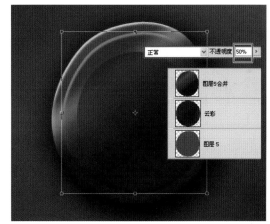

图11-75　绘制进站首页主体

技巧

为了快速绘制图形，可以使用盖印功能进行有效快速的绘制。

STEP|07 打开【图层样式】对话框，启用"内发光"复选框，设置参数，如图11-76所示。

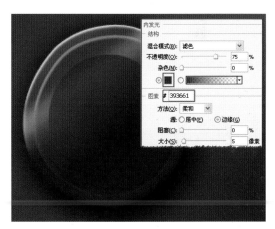

图11-76　添加内发光效果

STEP|08 新建"高光"图层，使用【椭圆选框工具】绘制椭圆，打开【羽化选区】对话框设置参数，如图11-77所示。

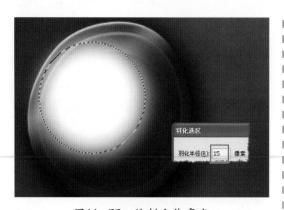

图11-77 绘制主体高光

STEP|09 设置【混合模式】为"叠加"，并复制一层，如图11-78所示。

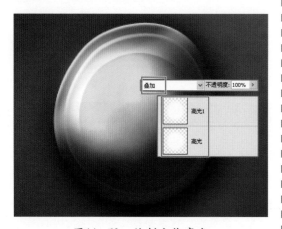

图11-78 绘制主体高光

STEP|10 复制"云彩"图层并命名为"云彩1"，并移至最上方，调整大小，打开【图层样式】对话框，启用"描边"复选框，设置参数，如图11-79所示。

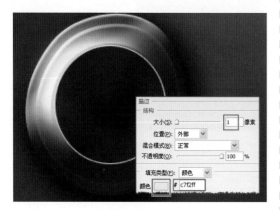

图11-79 修饰主体特效

STEP|11 启用"斜面和浮雕"复选框，设置参

数，如图11-80所示。

图11-80 绘制浮雕效果

STEP|12 启用"外发光"复选框，设置参数，如图11-81所示。

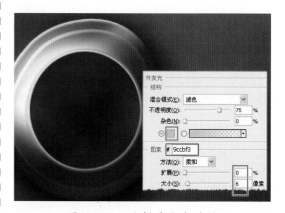

图11-81 绘制外发光效果

STEP|13 启用"内阴影"复选框，设置参数，如图11-82所示。

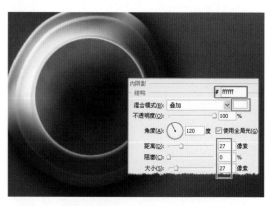

图11-82 绘制内阴影效果

STEP|14 在"云彩1"图层上方新建一图层，合并新图层和"云彩1"，打开【色相/饱和度】对话框设置参数，如图11-83所示。

图11-83 调整颜色

STEP|15 新建"图层9"，单击"云彩1合并"缩览框生成选区，使用【线性渐变】▇绘制渐变效果，如图11-84所示。

图11-84 绘制主体图形的暗部颜色

STEP|16 使用【径向渐变】▇依照上述方法绘制"图层8"，设置该图层的【混合模式】为"饱和度"，如图11-85所示。

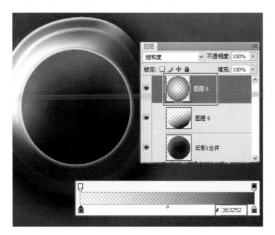

图11-85 修饰主体

STEP|17 复制"高光"图层并移至最上层，调整大小和位置，如图11-86所示。

图11-86 绘制主体高光

11.3.3 绘制主体纹理

STEP|01 隐藏所有图层，新建"线"图层，使用【单行选框工具】▇绘制多条有规则排列的线，如图11-87所示。

图11-87 绘制线条

STEP|02 复制"线"图层，并执行【自由变换】命令，如图11-88所示。

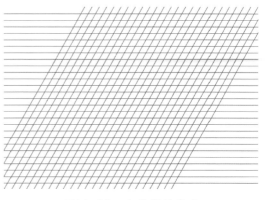

图11-88 变换线的角度

STEP|03 使用上述方法继续绘制另外一组线条，如图11-89所示。

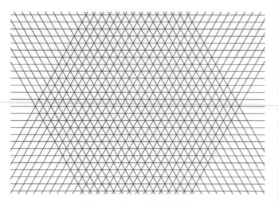

图11-89　绘制线条

STEP|04 将绘制的线条全部进行合并图层，命名为"线条"，新建一个1020×1020的文档，将"线条"拖进画布，如图11-90所示。

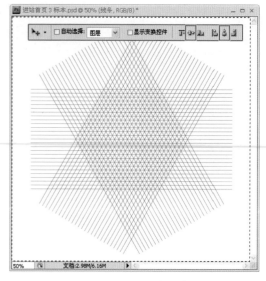

图11-91　执行对齐命令

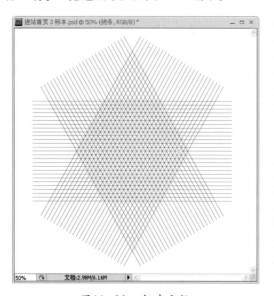

图11-90　新建文档

STEP|05 按Ctrl+A键全选选区，然后单击【垂直居中对齐】按钮和【水平垂直对齐】按钮，如图11-91所示。

STEP|06 使用【椭圆选框工具】绘制一个正圆，删除"线"图层的多余部分，然后执行【滤镜】|【扭曲】|【球面化】命令，按Ctrl+F快捷键重复此命令3~4次，如图11-92所示。

STEP|07 将绘制出的球体拖进原始文档中，调整大小，打开【图层样式】对话框，启用"颜色叠加"复选框，如图11-93所示。

图11-92　绘制球体

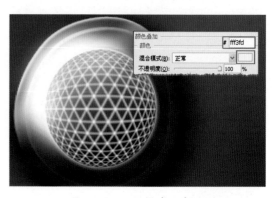

图11-93　调整球面颜色

STEP|08 在球体上方新建一图层与其进行合并，命名为"球体"。打开【收缩选区】对话框，设置参数，然后按Ctrl+Shift+I快捷键进行反选，并删除球体多余部分，如图11-94所示。

图11-94　修饰球体

提示

收缩选区主要是为了更加逼真地绘制球体内的图像。

STEP|09 添加图层蒙版进行修改，然后复制一层，如图11-95所示。

图11-95　修改球体

STEP|10 新建图层，使用【椭圆选框工具】绘制正圆，填充白色，然后启用"外发光"复选框，如图11-96所示。

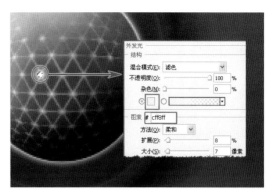

图11-96　绘制球体星光

STEP|11 使用上述方法绘制球体的其他星光部分，如图11-97所示。

图11-97　绘制其他星光

STEP|12 新建图层，使用【钢笔工具】绘制三角形，填充白色，然后根据明暗关系调整不透明度，如图11-98所示。

图11-98　绘制三角形

11.3.4 绘制星座

STEP|01 使用【钢笔工具】 ⬤ 绘制路径，如图 11-99所示。

图11-99 绘制路径

STEP|02 新建图层，设置笔触为1像素，前景色为白色，单击【用画笔描边路径】按钮 ⬤ ，设置不透明度为20%，如图11-100所示。

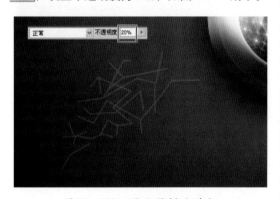

图11-100 用画笔描边路径

STEP|03 使用绘制球体星光的方法继续绘制星光，如图11-101所示。

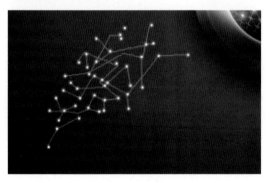

图11-101 绘制星光

STEP|04 使用相同的方法绘制其他不同颜色的星座，如图11-102所示。

图11-102 绘制其他星座

STEP|05 新建图层，绘制LOGO，如图11-103所示。

图11-103 绘制LOGO

STEP|06 新建图层，使用【椭圆选框工具】 ⬤ 和【钢笔工具】 ⬤ 绘制图形，填充颜色，输入文字，如图11-104所示。

图11-104 添加文字

11.4 网站首页视觉特效设计

本案例是一个音乐网站的首页，如图11-105所示。随着网络的飞速发展，网页已成为企业或公司的主要网络宣传途径，优秀的网页设计可以提高企业或公司的经济效益。此网页是一个音乐网站，所以对于网站的设计要求非常严格，绚丽的背景与网页的主体融合在一起，流露着时尚的气息。

在绘制过程中，主要使用【混合模式】中的选项融合不同颜色之间的关系，并使用添加图层蒙版修饰图像的细节部分，然后使用【图层样式】对话框中的选项实现网页主体的立体感觉。

图11-105 最终效果图

11.4.1 绘制绚丽背景

STEP|01 新建一个文档，设置大小为945×280像素，分辨率为72像素/英寸，颜色模式为RGB。

STEP|02 新建"桔黄"图层，设置前景色和背景色，执行【滤镜】|【渲染】|【云彩】命令，如图11-106所示。

STEP|03 单击【添加图层蒙版】按钮 ，使用【画笔工具】 进行涂抹，如图11-107所示。

图11-107 修饰桔黄图层

STEP|04 新建"柠檬黄"图层，设置前景色和背景色，执行【滤镜】|【渲染】|【云彩】命令，如图11-108所示。

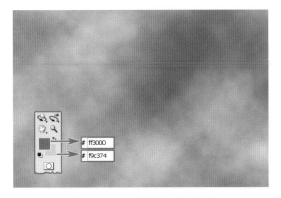

ff3000
f9c374

图11-106 绘制云彩效果

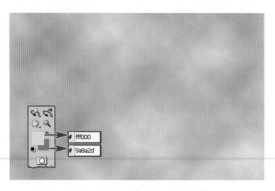

图11-108　绘制云彩效果

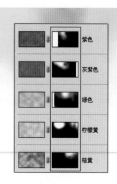

图11-111　绘制紫色图层

STEP|05　单击【添加图层蒙版】按钮 ，使用【画笔工具】 进行涂抹，如图11-109所示。

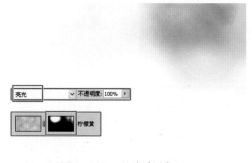

图11-109　绘制柠檬色

STEP|06　使用上述方法绘制"绿色"图层，如图11-110所示。

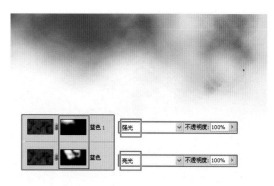

图11-112　绘制蓝色图层

STEP|09　继续绘制"蓝色2"和"蓝色3"图层，如图11-113所示。

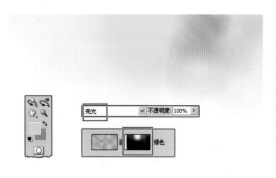

图11-110　绘制绿色图层

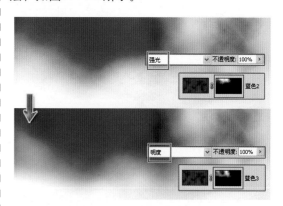

图11-113　修饰蓝色图层

STEP|07　使用相同的方法继续绘制"紫色"和"灰紫色"图层，如图11-111所示。

STEP|08　使用上述方法绘制"蓝色"图层并复制一层，并分别设置混合模式，如图11-112所示。

STEP|10　继续绘制"墨绿色"和"粉色"图层，如图11-114所示。

STEP|11　新建"背景"图层，填充黑色，并移至最下层，如图11-115所示。

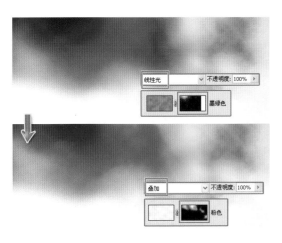

图11-114　修饰背景颜色

图11-115　添加背景

STEP|12 新建"星空"图层，填充黑色，执行【滤镜】|【杂色】|【添加杂色】命令，如图11-116所示。

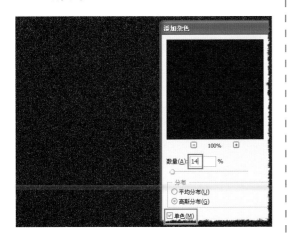

图11-116　绘制星空

STEP|13 设置【混合模式】为"颜色减淡"，打开【色阶】对话框，设置参数，如图11-117所示。

图11-117　绘制星空效果

STEP|14 使用上述方法绘制星空细节，如图11-118所示。

图11-118　绘制星空细节

STEP|15 新建图层，使用【矩形选框工具】绘制长方形的选区，选择【线性渐变】■绘制渐变效果，如图11-119所示。

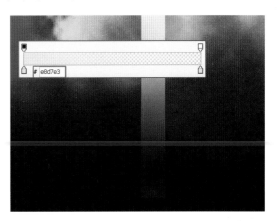

图11-119　绘制矩形

STEP|16 设置【混合模式】为"叠加"，如图11-120所示。

图11-120　修饰矩形

STEP|17　复制矩形，使用【自由变换】命令变换矩形，如图11-121所示。

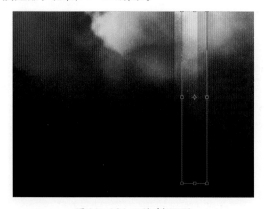

图11-121　绘制矩形

STEP|18　使用上述步骤绘制其他矩形，如图11-122所示。

图11-122　绘制其他矩形

提示

在使用"叠加"选项调整不同颜色之间的关系时，也可以使用【混合模式】中的其他合适选项进行调整。

STEP|19　使用绘制背景颜色的方法绘制绿色图层，如图11-123所示。

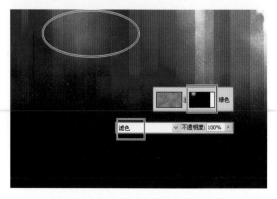

图11-123　绘制"绿色"图层

11.4.2　绘制球体特效

STEP|01　新建"外发光"图层，使用【椭圆选框工具】○绘制正圆，打开【羽化选区】对话框，设置参数并填充白色，如图11-124所示。

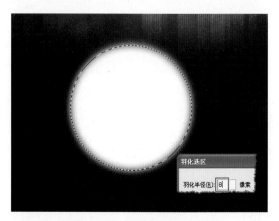

图11-124　绘制白色正圆

STEP|02　使用【自由变换】命令变换"外发光"图层，如图11-125所示。

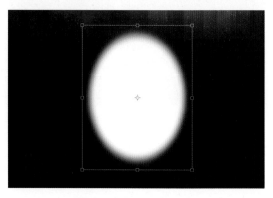

图11-125　变换正圆

STEP|03 新建图层，使用【椭圆选框工具】 绘制正圆并填充任意颜色，打开【图层样式】对话框，启用"渐变叠加"复选框，设置参数，如图11－126所示。

图11－126　绘制黑色正圆

STEP|04 启用"斜面和浮雕"复选框，设置参数，如图11－127所示。

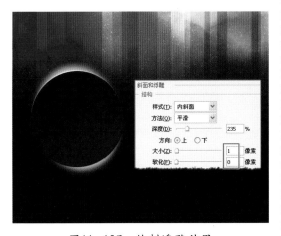

图11－127　绘制浮雕效果

STEP|05 新建图层，使用【椭圆选框工具】 绘制正圆并填充黑色，打开【图层样式】对话框，启用"描边"复选框，设置参数，如图11－128所示。

STEP|06 启用"渐变叠加"复选框，设置参数，如图11－129所示。

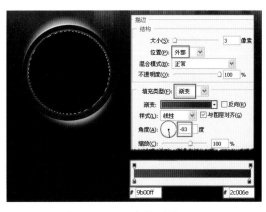

图11－128　绘制黑色正圆

图11－129　绘制渐变效果

STEP|07 启用"斜面和浮雕"效果，如图11－130所示。

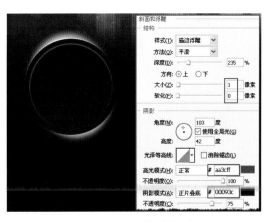

图11－130　绘制浮雕效果

STEP|08 新建图层，绘制一个正圆，启用"描边"复选框，如图11－131所示。

创意⁺：Photoshop CS4视觉特效设计案例精粹

图11-131　绘制渐变描边效果

STEP|09 启用"渐变叠加"复选框，设置参数，如图11-132所示。

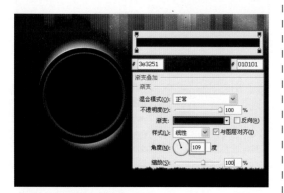

图11-132　绘制渐变效果

STEP|10 启用"斜面和浮雕"复选框，设置参数，如图11-133所示。

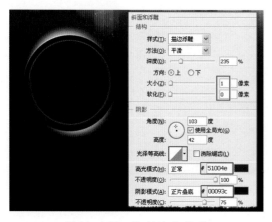

图11-133　绘制浮雕效果

STEP|11 使用上述方法继续绘制另一个正圆，并设置【图层样式】对话框中的参数，如图11-134所示。

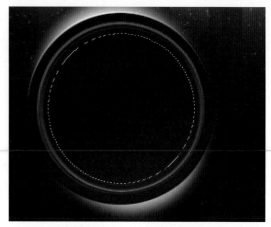

图11-134　绘制正圆

STEP|12 添加素材，调整位置和大小，如图11-135所示。

图11-135　添加素材

STEP|13 打开【图层样式】对话框，启用"外发光"复选框，设置参数，如图11-136所示。

图11-136　绘制外发光效果

STEP|14 新建图层，使用【钢笔工具】绘制轮廓并转换为选区，填充颜色，然后添加图层蒙版进行修改，如图11-137所示。

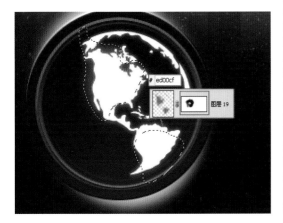

图11-137　修饰地图的外发光效果

STEP|15 新建图层，使用【矩形选框工具】绘制选区并填充黑色，执行【滤镜】|【杂色】|【添加杂色】命令，如图11-138所示。

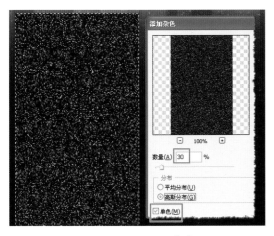

图11-138　添加杂色

STEP|16 执行【滤镜】|【模糊】|【动感模糊】命令，设置参数，如图11-139所示。

STEP|17 打开【色相/饱和度】对话框，设置参数，如图11-140所示。

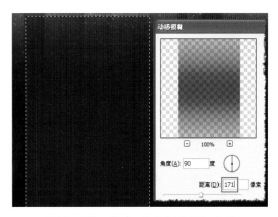

图11-139　执行【动感模糊】命令

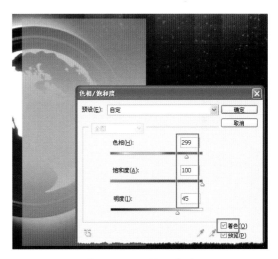

图11-140　添加颜色

STEP|18 执行【自由变换】命令，添加图层蒙版进行修改，如图11-141所示。

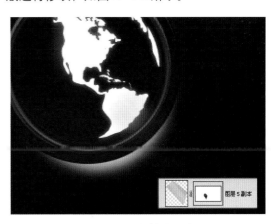

图11-141　绘制地图光线

STEP|19 使用上述方法绘制其他光线，如图11-142所示。

图11-142　绘制其他光线

STEP|20　打开【画笔】面板，设置参数，如图11-143所示。

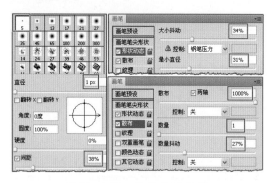

图11-143　设置画笔笔触

STEP|21　新建图层，使用【画笔工具】 ✏ 进行涂抹，并启用"外发光"复选框，如图11-144所示。

图11-144　绘制星星

提示

添加星星的外发光可以使图像更加绚丽多彩。

STEP|22　添加图层蒙版进行修改，如图11-145所示。

图11-145　修饰星星

STEP|23　新建图层，使用【钢笔工具】 ✒ 绘制轮廓并填充颜色，设置【混合模式】为"颜色"，如图11-146所示。

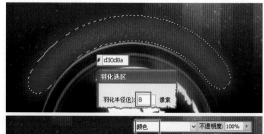

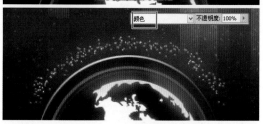

图11-146　绘制外发光颜色

STEP|24　新建图层，使用【钢笔工具】 ✒ 绘制高光轮廓并填充颜色，启用"渐变叠加"复选框，设置参数，如图11-147所示。

STEP|25　启用"外发光"复选框，设置参数，如图11-148所示。

图11-147 修饰星星云层

图11-150 绘制蓝色星云

STEP|28 使用【椭圆选框工具】 绘制两个光圈并填充白色，设置【混合模式】为"叠加"，如图11-151所示。

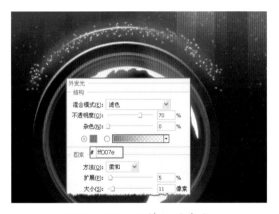

图11-148 修饰云层高光

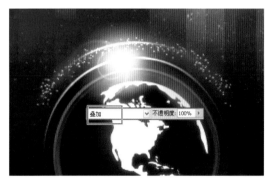

图11-151 绘制光圈

STEP|26 新建图层，使用【椭圆选框工具】 绘制椭圆，设置【羽化半径】为4像素，填充白色，启用"外发光"复选框，如图11-149所示。

STEP|29 使用上述方法绘制另一个小正圆，如图11-152所示。

图11-149 绘制球体高光

图11-152 绘制正圆

STEP|27 使用上述方法绘制另一组蓝色星云，如图11-150所示。

STEP|30 添加"月球"素材，打开【图层样式】对话框，启用"外发光"复选框，如图11-153所示。

图11-153 绘制外发光效果

STEP|31 启用"内发光"复选框，设置参数，如图11-154所示。

图11-154 绘制内发光效果

STEP|32 在"月球"素材上方新建一图层，选择该图层与新图层进行合并。打开【色阶】对话框，设置参数，如图11-155所示。

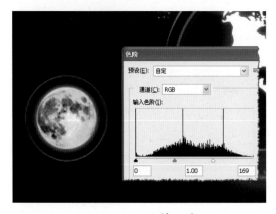

图11-155 修饰月球

STEP|33 新建图层，使用【钢笔工具】 绘制轮廓并填充白色，启用"内发光"复选框，设置参数，如图11-156所示。

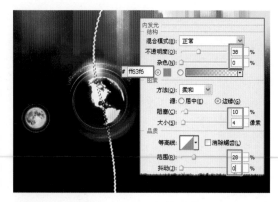

图11-156 绘制线条

STEP|34 启用"外发光"复选框，设置参数，如图11-157所示。

图11-157 绘制外发光效果

STEP|35 使用上述方法绘制其他部分，如图11-158所示。

图11-158 绘制球体的其他效果

11.4.3 绘制导航键

STEP|01 新建"导航键"图层，使用【矩形工具】 绘制一个矩形，打开【图层样式】对话框，设置参数，如图11-159所示。

图11-159 绘制导航键

STEP|02 在"导航键"图层上方新建一图层，选择新图层和"导航键"图层进行合并，设置混合模式和不透明度，如图11-160所示。

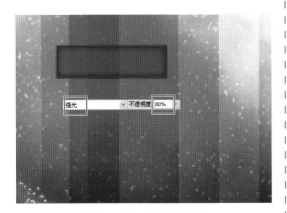

图11-160 修饰导航键

STEP|03 在"导航键"图层下方新建图层，使用【矩形工具】 绘制矩形，填充颜色，设置【混合模式】为"叠加"，然后启用"投影"复选框，如图11-161所示。

图11-161 绘制导航键

STEP|04 使用相同方法绘制其他导航键，如图11-162所示。

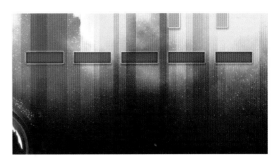

图11-162 绘制其他导航键

11.4.4 绘制播放器

STEP|01 新建"播放器"图层，选择【圆角矩形工具】 ，设置工具选项栏中的参数，绘制一个圆角矩形，启用"颜色叠加"复选框，设置参数，如图11-163所示。

图11-163 绘制圆角矩形

STEP|02 复制"播放器"图层，分别向上和向左移动2个像素，启用"投影"复选框，设置参数，如图11-164所示。

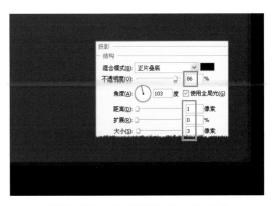

图11-164 绘制播放器立体效果

STEP|03 新建图层，使用【矩形选框工具】 绘制多个矩形，如图11-165所示。

图11-165 绘制多个矩形

STEP|04 删除多余矩形，使用【矩形选框工具】 绘制矩形，填充黑色，如图11-166所示。

图11-166 绘制播放器

STEP|05 新建"进度条"图层，选择【圆角矩形工具】 ，设置工具选项栏中"半径"值为0.2厘米，绘制一个圆角矩形，启用"渐变叠加"复选框，设置参数，如图11-167所示。

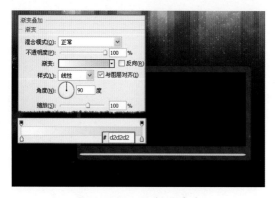

图11-167 绘制进度条

STEP|06 启用"内阴影"复选框，设置参数，如图11-168所示。

图11-168 添加内阴影效果

STEP|07 使用相同方法修饰进度条，如图11-169所示。

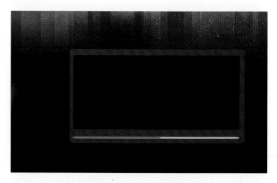

图11-169 修饰进度条

STEP|08 新建图层，选择【椭圆选框工具】 绘制一个正圆，启用"渐变叠加"复选框，设置参数，如图11-170所示。

图11-170 绘制正圆

STEP|09 启用"斜面和浮雕"复选框，如图11-171所示。

图11-171　绘制浮雕效果

STEP|10 启用"投影"复选框，设置参数，如图11-172所示。

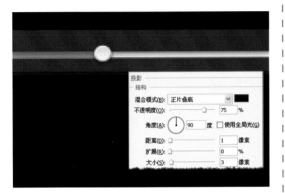

图11-172　绘制投影效果

STEP|11 使用上述方法绘制其他播放器，并添加音乐素材，如图11-173所示。

图11-173　绘制播放器

STEP|12 新建图层，使用【矩形选框工具】绘制一个矩形并填充颜色，启用"渐变叠加"复选框，如图11-174所示。

图11-174　绘制状态栏

STEP|13 新建图层，使用【矩形选框工具】绘制一个矩形并填充白色，启用"渐变叠加"复选框，如图11-175所示。

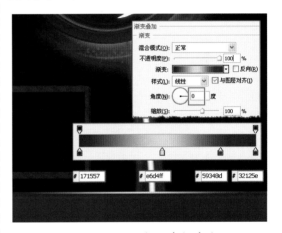

图11-175　绘制状态栏高光

11.4.5　添加LOGO

STEP|01 打开【字符】面板设置参数，输入文字，如图11-176所示。

图11-176　输入文字

STEP|02 打开【字符】面板设置参数，输入文字，启用"外发光"复选框，如图11−177所示。

图11−177　绘制外发光效果

STEP|03 添加LOGO和文字，如图11−178所示。

图11−178　添加LOGO和文字

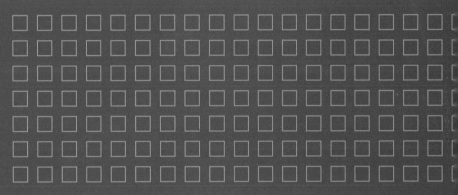

界面视觉特效表现

界面设计是人与机器之间传递和交换信息的媒介，是计算机科学与心理学、设计艺术学、认知科学和人机工程学的交叉研究领域。

界面是指软件用于和用户交流的外观、部件和程序等。软件界面的设计，既要从外观上有创意以到达吸引眼球的目的，还要结合图形和版面设计的相关原理。例如有的软件设计很朴素，看起来给人一种很舒服的感觉；有的软件很有创意，能给人带来意外的惊喜和视觉的冲击。

本章介绍的是几种常见的软件界面设计方法，通过实例让用户了解软件界面设计过程中的要求以及技法表现。

12.1 软件界面

软件界面是由同一功能或任务的多个元素组合而成的，它的绘制是依据软件的功能属性来进行规划设计。在规划设计的过程中，合理地安排各项功能之间的联系是软件界面设计的重要考虑因素。

本实例是一款聊天软件的界面设计，如图 12-1 所示。该款软件采用以水晶材质为界面的材质效果；在界面的布局上，以科学合理的布局格式安排各项功能的分布区域，充分地运用了有限的空间资源，达到了很高的美学效果。

在绘制软件界面的过程中，主要使用【圆角矩形工具】 、【矩形选框工具】 进行软件界面模块的绘制；使用图层蒙版功能进行模块高光区域以及阴影区域的绘制；最后使用【横排文字工具】 进行软件界面的文字装饰。

图12-1 软件界面设计流程图

12.1.1 绘制基础界面

STEP|01 新建一个1600×1200像素的文档，设置分辨率为200像素，命名该文档为"软件界面"

STEP|02 选择【圆角矩形工具】 ，绘制出软件界面的外部轮廓，使用【渐变工具】 ，填充一个由浅蓝至深蓝的线性渐变填充，如图12-2所示。

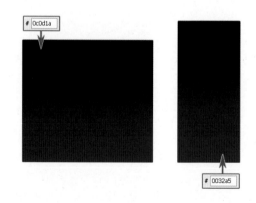

图12-2 执行线性渐变填充

STEP|03 为图像添加"背景"素材，调整图像位置，如图12-3所示。

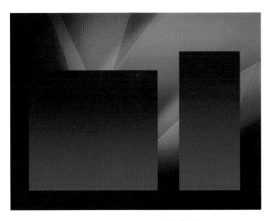

图12-3　添加背景素材

STEP|04　选择"软件外轮廓"图层，为该图层添加内发光图层样式，设置参数如图12-4所示。

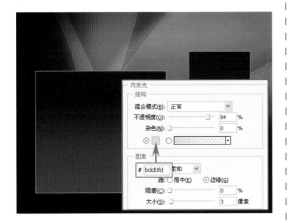

图12-4　添加内发光图层样式

STEP|05　按住Ctrl键，单击"软件外轮廓"图层，执行【选择】|【修改】|【扩展】命令，设置扩展量为2像素，新建图层并填充黑色，如图12-5所示。

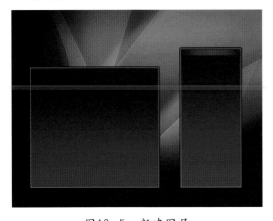

图12-5　新建图层

STEP|06　选择【圆角矩形工具】，拉出按钮选区，使用【渐变工具】填充一个由浅蓝至深蓝的径向渐变，如图12-6所示。

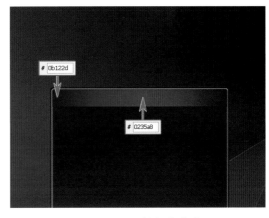

图12-6　绘制径向渐变

STEP|07　按住Ctrl键，单击"按钮底色"图层载入图层选区，新建图层并命名为"按钮外发光"，执行【编辑】|【描边】命令，设置描边颜色为白色，如图12-7所示。

图12-7　绘制按钮外描边

STEP|08　添加图层蒙版，选择【渐变工具】，在图层蒙版中拉出一个由黑色至透明的渐变填充，使得按钮外描边由白色至透明，如图12-8所示。

STEP|09　添加"外发光"图层样式，使得描边轮廓与按钮底色过渡自然，如图12-9所示。

STEP|10　复制图层并填充该图层为白色，选择【矩形选框工具】，删除选区内白色区域，调整图层不透明度为30%，如图12-10所示。

图12-8 添加图层蒙版修饰

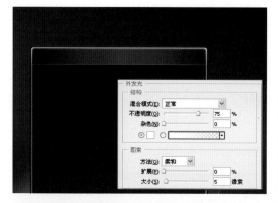

图12-9 添加外发光图层样式

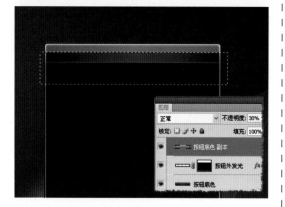

图12-10 绘制按钮高光区域

STEP|11 再次复制图层并填充该图层为白色，添加图层蒙版进行修饰，调整图层不透明度为40%，如图12-11所示。

提示

使用多个图层堆叠的方法有利于表现质感，但同时不利于管理图层，可以选取创建图层组的方式管理各个区域图层。

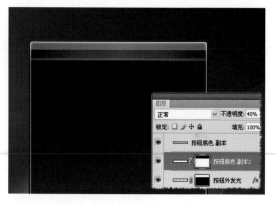

图12-11 绘制按钮底色反光

STEP|12 选择【矩形选框工具】，绘制软件界面右上角小按钮区域并填充颜色，如图12-12所示。

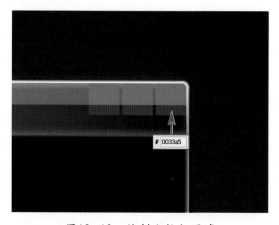

图12-12 绘制小按钮区域

STEP|13 依据以上方法绘制软件界面右上角小按钮区域高光以及阴影区域，如图12-13所示。

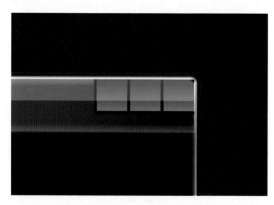

图12-13 添加高光以及阴影

STEP|14 为软件界面右上角小按钮添加图标，如图12-14所示。

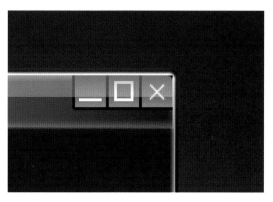

图12-14 添加按钮图标

STEP|15 依据同样方法，绘制软件界面其他顶部按钮效果，如图12-15所示。

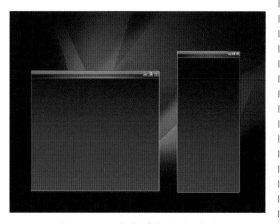

图12-15 绘制其他按钮效果

STEP|16 选择【矩形选框工具】，绘制出软件文字输入界面区域，按Ctrl+J快捷键，删除软件外轮廓图层多余区域，如图12-16所示。

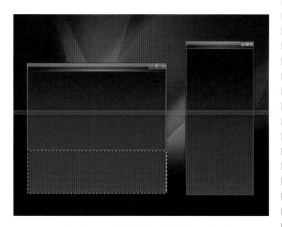

图12-16 绘制软件文字输入界面

STEP|17 依据同样方法，绘制出软件其他界面，如图12-17所示。

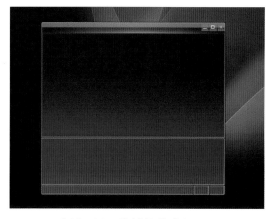

图12-17 绘制软件其他界面

STEP|18 依据以上方法绘制出软件界面中的其他水晶按钮效果，如图12-18所示。

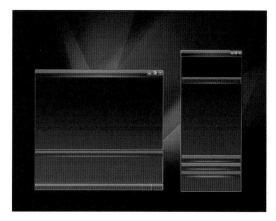

图12-18 绘制其他水晶按钮效果

12.1.2 绘制应用界面

STEP|01 导入素材图片，调整素材大小以及位置，使其适合用户头像按钮大小，如图12-19所示。

技巧

在绘制应用界面的过程中，可以使用辅助线规划好各部分之间的间隔。

图12-19　导入素材

STEP|02　为素材图层添加"投影"样式，使按钮呈现立体感，如图12-20所示。

图12-20　添加图层样式

STEP|03　按住Ctrl键，单击素材图层，载入图层选区，新建图层，执行【编辑】|【描边】命令，设置参数如图12-21所示。

图12-21　执行【描边】命令

STEP|04　添加"外发光"图层样式，设置参数如图12-22所示。

图12-22　添加图层外发光效果

STEP|05　依据同样方法绘制其他用户头像按钮效果，如图12-23所示。

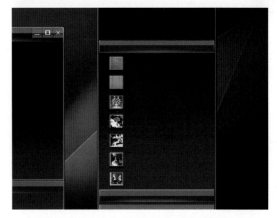

图12-23　绘制其他用户头像按钮效果

提示

头像按钮的效果应当受按钮之间的比例影响，以及受整体明暗关系的影响。

STEP|06　选择【横排文字工具】T，输入用户文字信息，如图12-24所示。

提示

装饰文字的运用必须依据软件界面设计的整体要求进行规划，即字体的合理选择、文字大小的安排、文字位置及组合运用效果等。

图12-24 输入文字信息

STEP|07 选择【矩形选框工具】，在用户头像按钮图层下绘制出矩形选区并填充颜色，命名该图层为"选择按钮"，如图12-25所示。

图12-25 填充选区颜色

STEP|08 复制图层置于"用户按钮"图层上，填充复制图层为白色，删除图层多余区域，调整图层不透明度为30%，如图12-26所示。

图12-26 绘制高光区域

STEP|09 再次复制"选择按钮"图层，填充复制图层为白色，添加图层蒙版进行修饰，如图

12-27所示。

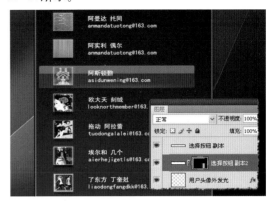

图12-27 添加按钮反光效果

STEP|10 选择"软件外轮廓"图层，使用【矩形选框工具】绘制出软件界面下拉按钮区域，按Ctrl+J键复制选择区域，如图12-28所示。

图12-28 复制选择区域

STEP|11 载入该图层选区，执行【选择】|【修改】|【收缩】命令，设置收缩量为2像素，新建图层并填充颜色，如图12-29所示。

图12-29 填充选区颜色

STEP|12 选择【矩形选框工具】，绘制出下拉按钮底色区域并填充颜色，如图12-30所示。

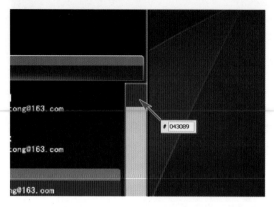

图12-30 绘制下拉按钮底色

STEP|13 依据以上方法绘制出下拉按钮高光区域，如图12-31所示。

图12-31 绘制按钮高光区域

STEP|14 依据以上方法，绘制下拉主按钮效果，如图12-32所示。

图12-32 绘制下拉主按钮

STEP|15 依据以上方法绘制下拉按钮装饰元素，如图12-33所示。

图12-33 绘制装饰元素

STEP|16 依据以上方法绘制软件界面其他区域元素，如图12-34所示。

图12-34 绘制其他区域元素

STEP|17 导入图像素材，为软件界面添加其他装饰按钮，如图12-35所示。

图12-35 添加图像素材

STEP|18 为软件界面添加标志以及投影效果，调整整体明暗关系完成效果绘制。

12.2 播放器设计

媒体播放器是随着网络科学技术的推广而逐渐使用的，而现在人们已经不再局限于运用单一的播放器，个性化的界面以及完善的扩展功能逐渐成为用户的需求。同时，用户使用相应的设计工具也可以进行个性化的播放器制作。

本实例是一款音乐播放器的设计制作，如图12-36所示。在绘制的过程中，首先应当体现播放器的功能作用，将各功能元素有机地联系在一起，形成独特的视觉美感；其次，播放器的质感体现也是非常重要的因素。

在绘制播放器的过程中，使用【钢笔工具】、【椭圆选框工具】进行播放器各元素的轮廓绘制，使用【渐变工具】、【滤镜】功能进行播放器的材质效果体现，使用【图层样式】、图层叠加的方式进行整体明暗关系的体现，最后使用【横排文字工具】进行装饰效果绘制。

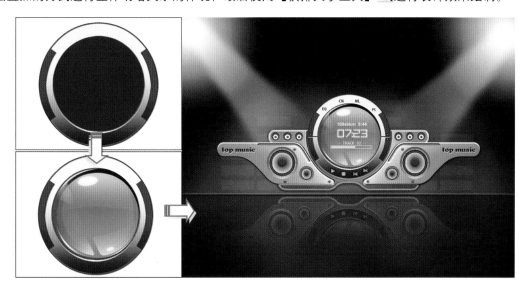

图12-36 播放器设计制作流程图

12.2.1 播放器球面绘制

STEP|01 新建一个1600×1200像素的文档，分辨率200像素，命名文档名称为"播放器设计"。

STEP|02 选择【椭圆选框工具】，按住Shift+Alt快捷键，绘制出播放器圆形轮廓并填充黑色，如图12-37所示。

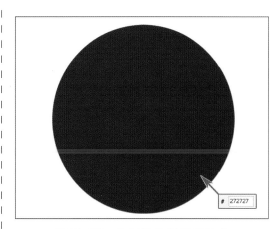

图12-37 绘制播放器圆形轮廓

STEP|03 选择【钢笔工具】，绘制出播放器主界面轮廓并填充灰色，如图12-38所示。

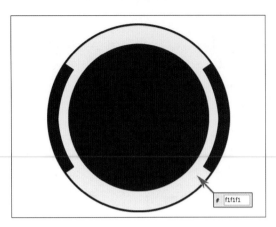

图12-38　绘制主界面轮廓

STEP|04　复制该图层，执行【滤镜】|【模糊】|【高斯模糊】命令，设置模糊半径为2像素，将复制图层至于原图层下，如图12-39所示。

图12-39　复制图层

STEP|05　继续复制该图层并填充黑色，添加图层蒙版，使用【画笔工具】进行修饰，如图12-40所示。

图12-40　添加图层蒙版修饰

STEP|06　选择【钢笔工具】，绘制出播放器圆形轮廓两侧区域并填充颜色，如图12-41所示。

图12-41　绘制圆形轮廓两侧区域

STEP|07　为该图层添加图层蒙版，在蒙版内拉出一个由黑至透明的线性渐变，如图12-42所示。

图12-42　添加图层蒙版修饰

提示

使用【渐变工具】进行图层蒙版修饰，可以方便快捷地绘制出图形的阴影过渡效果，同时也便于修改渐变轮廓。

STEP|08　选择【钢笔工具】，绘制出圆形轮廓内侧高光区域并填充白色，如图12-43所示。

图12-43 绘制高光区域

STEP|09 复制该图层并填充为黑色，为图层添加图层蒙版进行修饰，使用【渐变工具】 ▣，拉出一个由黑至透明的径向渐变，如图12-44所示。

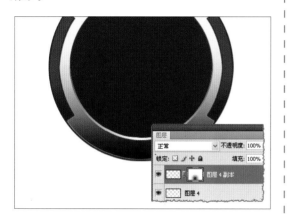

图12-44 添加图层蒙版修饰

12.2.2 水晶球面绘制

STEP|01 选择【椭圆选框工具】 ◯，绘制出水晶球底色轮廓并填充颜色，如图12-45所示。

图12-45 绘制水晶球底色轮廓

STEP|02 选择【椭圆选框工具】 ◯，绘制出水晶球亮色轮廓并填充颜色，如图12-46所示。

图12-46 绘制水晶球亮色轮廓

STEP|03 为图层添加图层蒙版，使用【画笔工具】 ✎ 进行修饰，设置图层不透明度为50%，如图12-47所示。

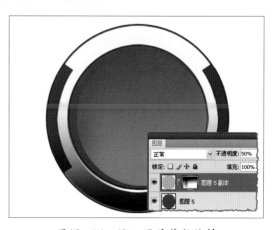

图12-47 添加图层蒙版修饰

STEP|04 依据以上方法绘制出水晶球亮部与暗部区域，如图12-48所示。

图12-48 绘制水晶球亮部与暗部区域

STEP|05 依据以上方法绘制出水晶球透光区域，如图12-49所示。

图12-49 绘制水晶球透光区域

STEP|06 选择【钢笔工具】，绘制出水晶球暗部投影区域并填充黑色，如图12-50所示。

图12-50 绘制水晶球暗部投影区域

STEP|07 为图层添加图层蒙版，使用【画笔工

具】进行修饰，如图12-51所示。

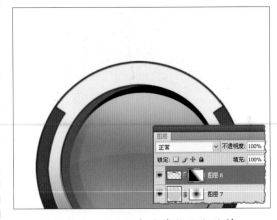

图12-51 添加涂层蒙版进行修饰

STEP|08 选择【钢笔工具】，绘制出水晶球左部反光区域并填充白色，如图12-52所示。

图12-52 绘制反光区域轮廓

STEP|09 为图层添加图层蒙版，使用【画笔工具】进行修饰，设置图层不透明度为30%，如图12-53所示。

图12-53 添加图层蒙版进行修饰

STEP|10　依据以上方法绘制出水晶球面其他高光区域，如图12-54所示。

图12-54　绘制水晶球面其他高光区域

STEP|11　依据以上方法绘制出播放器主界面其他高光区域，如图12-55所示。

图12-55　绘制其他高光区域

注意

球面高光效果的运用，必须依据整体明暗关系进行绘制，使图像看起来和谐、自然。

STEP|12　选择【横排文字工具】，绘制出播放器主界面文字信息，如图12-56所示。

图12-56　绘制文字信息

12.2.3　其他界面绘制

STEP|01　选择【钢笔工具】，绘制出播放器扇面区域轮廓并填充黑色，如图12-57所示。

图12-57　绘制扇面区域轮廓

STEP|02　为图层添加图层蒙版，使用【画笔工具】进行修饰，调整图层不透明度为55%，如图12-58所示。

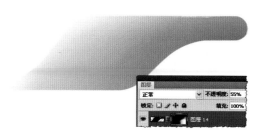

图12-58　添加图层蒙版修饰

STEP|03　复制该图层两次，分别填充黑色与白色，删除图层蒙版修饰，调整复制图层位置，

如图12-59所示。

图12-59　复制图层

STEP|04　复制白色图层，执行【滤镜】|【杂色】|【添加杂色】命令，设置参数如图12-60所示。设置图层混合模式为"柔光"，图层不透明度为15%。

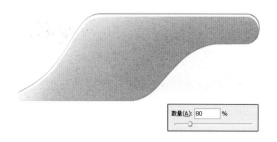

图12-60　绘制肌理效果

STEP|05　选择【椭圆选框工具】，绘制出播放器喇叭底色轮廓并填充灰色，如图12-61所示。

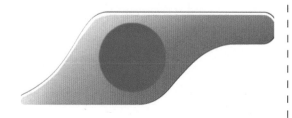

图12-61　绘制喇叭底色轮廓

STEP|06　依据以上方法绘制出喇叭底部亮色轮廓并填充白色，如图12-62所示。

图12-62　绘制喇叭底部亮色轮廓

STEP|07　复制喇叭底色轮廓，为图层添加图层蒙版，使用【画笔工具】进行修饰，调整图层大小以及位置，如图12-63所示。

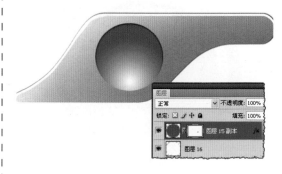

图12-63　添加图层蒙版修饰

STEP|08　依据以上方法绘制出喇叭其他层次轮廓，如图12-64所示。

图12-64　绘制喇叭其他轮廓

STEP|09 选择【钢笔工具】 ![钢笔图标] ，绘制出喇叭纹理轮廓并填充黑色，复制该图层并填充白色，调整图层大小以及位置，如图12-65所示。

图12-65 绘制喇叭纹理轮廓

STEP|10 依据以上方法，绘制出播放器扇形区域其他装饰元素，如图12-66所示。

图12-66 绘制其他装饰元素

STEP|11 盖印扇形区域所有图层，水平镜像该图层，调整图层位置，效果如图12-67所示。

图12-67 镜像调整盖印图层

STEP|12 选择【钢笔工具】 ![钢笔图标] ，绘制出播放器

底面区域轮廓并填充黑色，如图12-68所示。

图12-68 绘制区域轮廓

STEP|13 为图层添加图层蒙版，使用【渐变工具】 ![渐变图标] 进行修饰，设置图层不透明度为50%，效果如图12-69所示。

图12-69 添加图层蒙版修饰

STEP|14 依据以上方法绘制底面区域其他效果，如图12-70所示。

图12-70 绘制其他效果

STEP|15 依据以上方法，绘制其他装饰元素，完善播放器整体明暗关系，效果如图12-71所示。

图12-71 完善明暗关系

12.2.4 绘制背景效果

STEP|01 将背景图层填充为黑色，选择【渐变工具】，在文档左上角拉出一个由白至透明的径向渐变，绘制出背景的灯光轮廓，如图12-72所示。

图12-72 绘制背景灯光

STEP|02 选择【钢笔工具】，绘制出背景投射灯光轮廓，载入路径选区，设置羽化半径为5像素并填充白色，如图12-73所示。

STEP|03 为图层添加图层蒙版，使用【画笔工具】进行修饰，设置图层不透明度为60%，如图12-74所示。

图12-73 绘制投射灯光轮廓

图12-74 绘制投射灯光轮廓

STEP|04 依据以上方法绘制右上角灯光轮廓，如图12-75所示。

图12-75 绘制其他灯光效果

STEP|05 按Ctrl+Alt+E快捷键，盖印可见图层，调整图层分布位置，添加图层蒙版进行修饰，如图12-76所示。

图12-76　绘制投影效果

图12-77　绘制镜面效果

STEP|06 选择【矩形选框工具】［］，绘制出水平玻璃镜面效果，设置图层不透明度为20%，如图12-77所示。

STEP|07 完善播放器装饰效果，完成播放器设计制作。

12.3　星际2游戏界面设计

　　本案例是一个游戏界面，如图12-78所示。游戏界面作为开发商和用户之间进行信息交换的媒介，同时也是游戏与玩家进行信息交流的平台。对于一款游戏来说，游戏界面非常重要。

　　星际2作为一种大型的战略游戏，设计一款经典的游戏界面必不可少，此款界面是根据游戏中常见到的材质绘制成的，坚韧的钢铁材质与晶莹剔透的水晶相结合，达到了一种游刃有余的设计境界。

　　在制作界面时，主要使用【钢笔工具】［］和【图层样式】对话框中的选项进行绘制，其重点使用图层样式来绘制游戏界面的质感。

图12-78　最终效果图

12.3.1 绘制金属纹理

STEP|01 新建一个文档，设置大小为 1927×1200像素，分辨率为300像素/英寸，颜色模式为RGB。

STEP|02 新建"纹理"图层，设置前景色和背景色，执行【滤镜】|【渲染】|【云彩】命令，如图12-79所示。

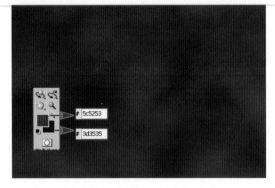

图12-79 执行【云彩】命令

STEP|03 新建"纹理1"图层，填充白色，然后执行【滤镜】|【杂色】|【添加杂色】命令，设置参数，如图12-80所示。

图12-80 添加杂色

STEP|04 执行【选择】|【色彩范围】命令，设置参数，使用吸管吸取白色部分并删除，如图12-81所示。

提示

抠取杂色的主要原因是为了绘制铁质生锈的纹理。

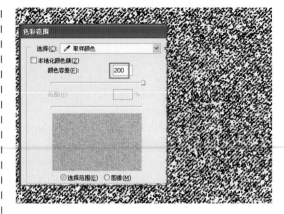

图12-81 删除白色

STEP|05 打开"纹理1"的【图层样式】对话框，启用【斜面和浮雕】复选框，设置参数，如图12-82所示。

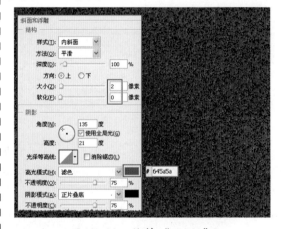

图12-82 修饰"纹理1"

STEP|06 同时选择"纹理"和"纹理1"图层，合并图层并命名为"纹理"，如图12-83所示。

图12-83 合并图层

12.3.2 绘制铁质界面

STEP|01 新建"图层5"，使用【钢笔工具】

绘制路径并转换为选区，填充白色，打开【图层样式】对话框，设置参数，如图12-84所示。

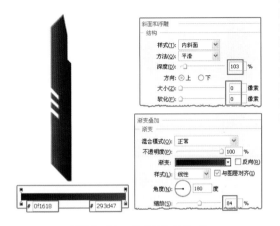

图12-84 绘制界面边角

STEP|02 复制"图层5"并移至下方，打开【图层样式】对话框，设置参数，如图12-85所示。

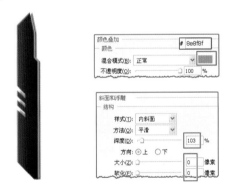

图12-85 绘制界面边角投影

STEP|03 显示"纹理"图层，单击"图层5"缩览图生成选区，选择"图层5"按Ctrl+J快捷键复制选区内的图像并设置混合模式，如图12-86所示。

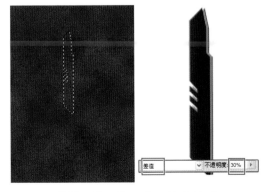

图12-86 添加界面边角纹理

STEP|04 使用绘制边角的方法继续绘制边角的另一侧，如图12-87所示。

图12-87 绘制边角

STEP|05 新建"图层11"，使用【钢笔工具】绘制轮廓并转换为选区，然后打开【图层样式】对话框，设置参数，如图12-88所示。

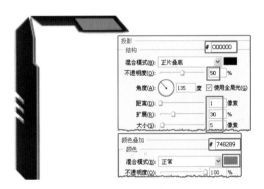

图12-88 绘制边角图形

STEP|06 复制"图层11"，启用"斜面和浮雕"复选框，设置参数，如图12-89所示。

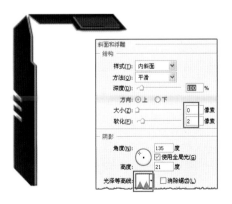

图12-89 启用"斜面和浮雕"复选框

STEP|07 启用"内发光"和"投影"复选框，设置参数，如图12-90所示。

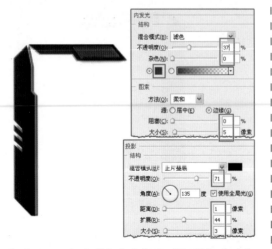

图12-90 启用"内发光"和"投影"复选框

STEP|08 设置前景色为绿色，使用【圆角矩形工具】■绘制形状并调整角度，然后打开【图层样式】对话框，设置参数，如图12-91所示。

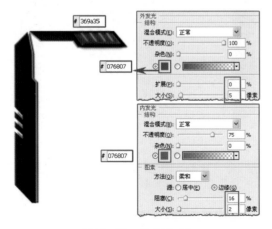

图12-91 绘制灯管

STEP|09 新建"图层6"，使用【钢笔工具】■绘制轮廓并转换为选区，填充白色，然后复制"图层6"填充灰色，添加图层蒙版加以修改，如图12-92所示。

STEP|10 使用上述绘制界面边角的方法继续绘制界面的其他部分，如图12-93所示。

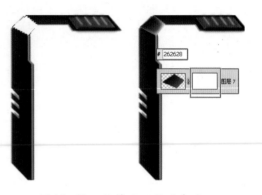

图12-92 修饰界面边角部分

图12-93 绘制界面的其他部分

注意

在绘制铁质结构时，要注意界面的立体效果，一般可以分为黑白灰三层进行处理。

12.3.3 绘制水晶效果

STEP|01 新建"主体背景"图层，使用【圆角矩形工具】■绘制界面的主体背景，然后打开【图层样式】对话框，设置参数，如图12-94所示。

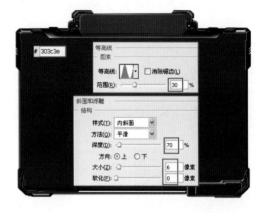

图12-94 绘制界面主体背景

STEP|02　复制"主体背景"图层,单击该图层缩览框生成选区,执行【选择】|【修改】|【收缩】命令,按Ctrl+Shift+I快捷键进行反选,并删除多余部分,如图12-95所示。

图12-95　绘制主体背景

STEP|03　启用"斜面和浮雕"和"等高线"复选框,设置参数,如图12-96所示。

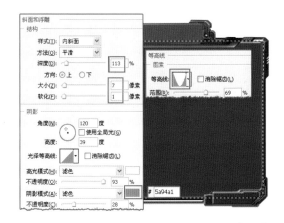

图12-96　启用"斜面和浮雕"和"等高线"复选框

STEP|04　启用"内发光"复选框,设置参数,如图12-97所示。

STEP|05　启用"颜色叠加"复选框,设置参数,如图12 08所示。

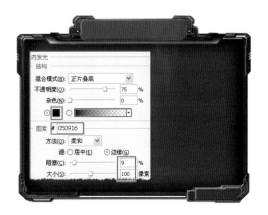

图12-97　启用"内发光"复选框

图12-98　启用"颜色叠加"复选框

STEP|06　启用"渐变叠加"复选框,设置参数,如图12-99所示。

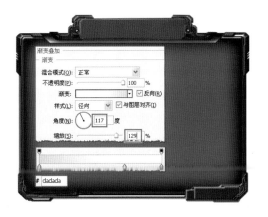

图12-99　添加"渐变叠加"复选框

STEP|07　使用上述方法绘制其他水晶面板,如图12-100所示。

图12-100　绘制其他水晶面板

提示

绘制高光时，经常会使用混合模式中的选项进行调整。

STEP|08　新建"高光"图层，使用【钢笔工具】绘制轮廓并转换为选区，填充白色，然后添加图层蒙版进行修改，如图12-101所示。

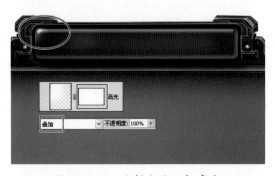

图12-101　绘制水晶面板高光

STEP|09　新建"图层57"，使用【矩形选框工具】绘制一个矩形并填充颜色，打开【图层样式】对话框，设置参数，如图12-102所示。

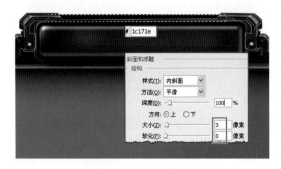

图12-102　修饰界面

STEP|10　新建"图层163"，使用【线性渐变】绘制渐变矩形，如图12-103所示。

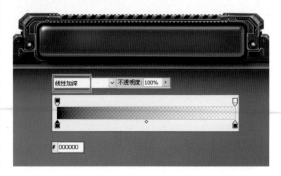

图12-103　绘制渐变矩形

STEP|11　新建"图层164"，使用【矩形选框工具】绘制多个黑色矩形并调整角度，然后同时选择"图层164"和"图层163"进行合并图层，如图12-104所示。

图12-104　合并图层

STEP|12　设置合并图层的混合模式和不透明度，然后打开【图层样式】对话框，设置参数，如图12-105所示。

图12-105　修饰界面细节部分

STEP|13　新建"图层58"，使用【矩形选框工

具】■绘制选区，并使用【线性渐变】■绘制渐变矩形，然后设置【混合模式】为"线性加深"，如图12-106所示。

图12-106　绘制暗部矩形

STEP|14 使用上述方法绘制另一个黄色色块，如图12-107所示。

图12-107　绘制界面细节

STEP|15 使用绘制水晶面板的方法绘制一个圆角矩形，如图12-108所示。

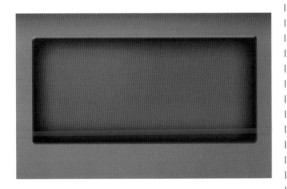

图12-108　绘制圆角矩形

STEP|16 使用【圆角矩形工具】■绘制一个圆角矩形，打开【图层样式】对话框，设置参数，如图12-109所示。

图12-109　绘制圆角矩形

STEP|17 使用上述方法绘制其他水晶面板，如图12-110所示。

图12-110　绘制水晶面板

STEP|18 使用【矩形工具】■和【圆角矩形工具】■绘制矩形，启用【斜面和浮雕】复选框，设置参数，如图12-111所示。

图12-111　绘制头像边框

STEP|19 使用【钢笔工具】■绘制边框路径并转换为选区填充颜色，然后启用【斜面和浮

雕】复选框，如图12-112所示。

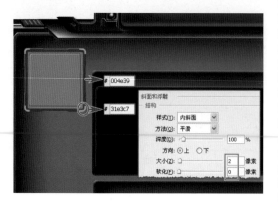

图12-112　绘制边框

STEP|20　新建"图层105"，使用【钢笔工具】绘制箭头形状，并转换为选区填充颜色，然后打开【图层样式】对话框，设置参数，如图12-113所示。

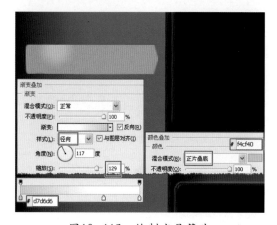

图12-113　绘制水晶箭头

STEP|21　启用"斜面和浮雕"复选框，设置参数，如图12-114所示。

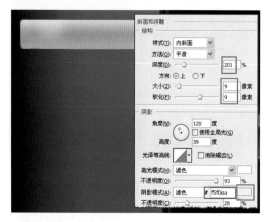

图12-114　启用"斜面和浮雕"复选框

STEP|22　启用"投影"和"内发光"复选框，设置参数，如图12-115所示。

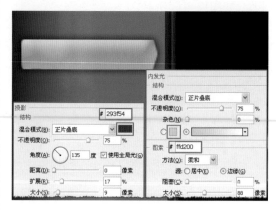

图12-115　修饰水晶箭头

STEP|23　新建"矢量人物"图层，使用【钢笔工具】绘制人物轮廓，并填充颜色，然后启用"外发光"复选框，如图12-116所示。

图12-116　绘制矢量人物

STEP|24　使用上述方法绘制另一个水晶面板，如图12-117所示。

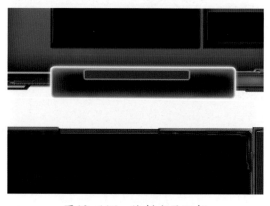

图12-117　绘制水晶面板

PHOTOSHOP CS4

提示

绘制金属的质感主要会用到"等高线"调整图形的明暗变化。

STEP|25 新建"图层86副本"，使用【圆角矩形工具】□绘制一个圆角矩形，打开【图层样式】对话框，设置参数，如图12-118所示。

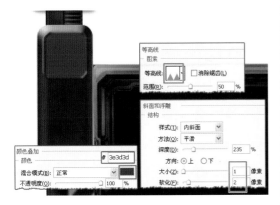

图12-118 绘制按钮底色

STEP|26 新建"图层86副本2"，使用【圆角矩形工具】□绘制一个圆角矩形，打开【图层样式】对话框，设置参数，如图12-119所示。

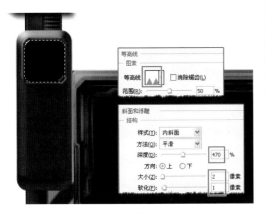

图12-119 修饰按钮背景

STEP|27 新建"外发光"图层，使用【圆角矩形工具】□绘制一个圆角矩形，填充白色，打开【图层样式】对话框，设置参数，如图12-120所示。

STEP|28 新建"绿色"图层，使用【圆角矩形工具】□绘制一个圆角矩形并填充颜色，然后添加图层蒙版进行修改，如图12-121所示。

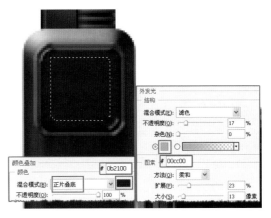

图12-120 绘制外发光

图12-121 绘制按钮

STEP|29 使用上述方法绘制其他两个按钮并添加素材，如图12-122所示。

图12-122 绘制其他按钮

STEP|30 使用绘制水晶按钮的方法绘制另外一组按钮，如图12-123所示。

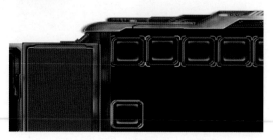

图12-123　绘制另外一组按钮

12.3.4　绘制电线

STEP|01　新建"电线"图层，使用【矩形选框工具】绘制一个矩形，并启用"渐变叠加"复选框，如图12-124所示。

图12-124　绘制电线

STEP|02　复制"电线"图层，使用【矩形选框工具】绘制多个矩形并执行【自由变换】命令，设置【混合模式】为"差值"，如图12-125所示。

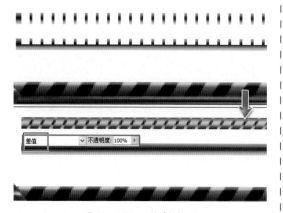

图12-125　绘制电线

STEP|03　根据需要，绘制多个不同颜色的电线并执行【自由变换】命令，如图12-126所示。

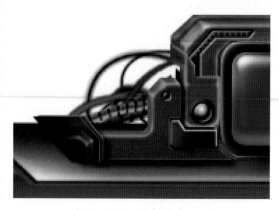

图12-126　绘制多个电线

STEP|04　使用上述方法绘制另一组电线，如图12-127所示。

图12-127　绘制另一组电线

STEP|05　新建"暗部"图层，使用【椭圆选框工具】绘制选区并设置羽化值，填充黑色，如图12-128所示。

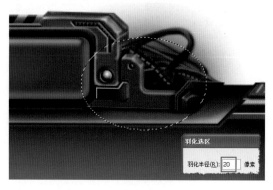

图12-128　绘制电线暗部颜色

STEP|06 使用相同方法绘制其他电线的暗部颜色，如图12-129所示。

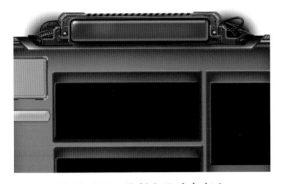

图12-129 绘制电线暗部颜色

12.3.5 绘制界面内容

STEP|01 新建"绿色1"图层，使用【矩形选框工具】绘制一个矩形，填充颜色。设置混合模式和不透明度，然后添加图层蒙版进行修改，如图12-130所示。

图12-130 修饰水晶面板

STEP|02 输入文字，打开【字符】面板，设置参数，如图12-131所示。

图12-131 添加文字

STEP|03 添加水晶面板纹理，启用"颜色叠加"复选框，设置参数，并添加图层蒙版进行修改，如图12-132所示。

图12-132 绘制水晶面板纹理

STEP|04 输入文字，设置大小，并启用"外发光"复选框，如图12-133所示。

图12-133 添加文字

STEP|05 依照上述步骤继续添加界面文字，并添加素材图片，如图12-134所示。

图12-134 添加文字和素材

STEP|06 新建"图层138副本10"，使用【矩形选框工具】 ▣ 绘制矩形并填充颜色，启用"斜面和浮雕"复选框，如图12-135所示。

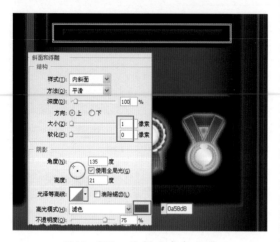

图12-135 绘制进度条背景

STEP|07 新建"图层138副本11"，使用【矩形选框工具】 ▣ 绘制进度条的亮部颜色，启用"渐变叠加"复选框，设置参数，如图12-136所示。

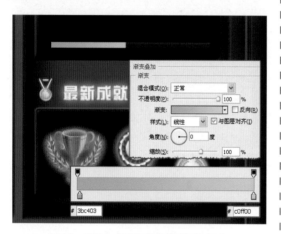

图12-136 绘制进度条亮部颜色

STEP|08 启用"外发光"复选框并设置参数，如图12-137所示。

STEP|09 新建"图层139副本5"，使用【椭圆选框工具】 ◯ 绘制选区，设置羽化半径值，填充颜色，如图12-138所示。

STEP|10 使用上述方法绘制其他进度条，如图12-139所示。

STEP|11 打开素材，调整颜色和大小，如图12-140所示。

图12-137 启用"外发光"复选框

图12-138 修饰进度条

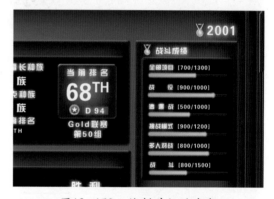

图12-139 绘制其他进度条

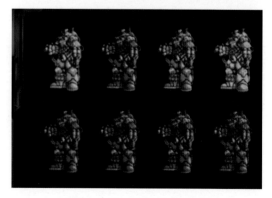

图12-140 添加人物素材

STEP|12 添加其他素材并启用"描边"复选框，设置参数，如图12-141所示。

图12-141　添加素材

STEP|13 新建图层，使用【椭圆选框工具】，绘制椭圆并填充颜色，打开【图层样式】对话框设置参数，如图12-142所示。

图12-142　绘制圆灯

STEP|14 启用"外发光"设置参数，如图12-143所示。

图12-143　启用"外发光"复选框

STEP|15 新建"灯泡"图层，使用【椭圆选框工具】绘制椭圆并填充颜色，启用"颜色叠加"和"外发光"复选框，设置参数，如图12-144所示。

图12-144　绘制灯泡

STEP|16 新建图层，同时选中"灯泡"和该图层进行合并，设置合并后图层的混合模式和不透明度，如图12-145所示。

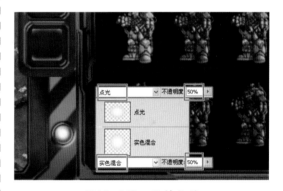

图12-145　修饰灯泡

STEP|17 使用【自定形状工具】绘制多个不同形状并填充颜色，如图12-146所示。

图12-146　绘制形状

12.3.6 绘制炫丽星云

STEP|01 新建图层，使用【矩形选框工具】█绘制选区并设置羽化值，填充白色，如图12-147所示。

图12-147 绘制白色块

> **提示**
>
> 打开【羽化选区】对话框的快捷键是 Shift+F6。

STEP|02 复制一层，并执行【滤镜】|【杂色】|【添加杂色】命令，设置参数，如图12-148所示。

图12-148 添加杂色

STEP|03 执行【滤镜】|【模糊】|【径向模糊】命令，设置参数，如图12-149所示。

STEP|04 复制图层并调整位置、大小和图层间的顺序，然后调整其颜色，如图12-150所示。

图12-149 执行【径向模糊】命令

图12-150 调整光线

STEP|05 新建图层，使用【钢笔工具】█绘制路径，设置前景色为白色，并单击【用画笔描边路径】按钮 █，启用"外发光"复选框，如图12-151所示。

图12-151 修饰光线

STEP|06 使用上述方法绘制其他两条光线，然后打开【画笔】面板，设置参数，如图12-152所示。

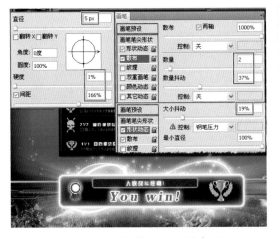

图12-152 修饰光线细节部分

STEP|07 新建"分层云彩"图层，设置前景色和背景色，执行【滤镜】|【渲染】|【分层云彩】命令，按Ctrl+F快捷键重复此命令8～10次，如图12-153所示。

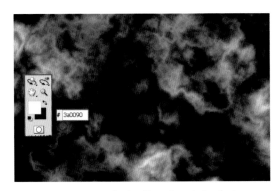

图12-153 执行【分层云彩】命令

STEP|08 打开该图层的【图层样式】对话框，按住Alt键移动"混合颜色带"选项下的小三角滑块，如图12-154所示。

图12-154 调整分层云彩

STEP|09 设置"分层云彩"的【混合模式】为"颜色减淡"，然后添加图层蒙版进行修改，如图12-155所示。

图12-155 修饰"分层云彩"

STEP|10 使用上述步骤绘制其他分层云彩，如图12-156所示。

图12-156 绘制其他分层云彩